AutoCAD 2018 机械制图项目化教程

主编　王小芳　王　平　冯吉涛

北京理工大学出版社
BEIJING INSTITUTE OF TECHNOLOGY PRESS

内 容 简 介

本书是 AutoCAD 2018 的使用教程，采用项目式结构编写，全书包含八大项目：绘图环境的设置、绘制平面图形、绘制剖视图和标准件图、图形标注、绘制零件图和装配图、图形输出和查询、绘制正等轴测图和绘制三维图。每一项目根据具体的知识又设置了不同的任务，"解决任务"就是每一次课的目标，从而使读者能够快速掌握相应的内容与技能。书中实例丰富，语言通俗易懂，安排条理清晰。

本书可满足各类高等院校、职业院校、技工学校和 AutoCAD 培训机构的教学需求，也可作AutoCAD 爱好者及广大工程技术人员的参考用书。

图书在版编目（CIP）数据

AutoCAD 2018 机械制图项目化教程/王小芳，王平，冯吉涛主编 . —北京：北京理工大学出版社，2020. 8

ISBN 978 - 7 - 5682 - 8214 - 7

Ⅰ . ①A… Ⅱ . ①王… ②王… ③冯… Ⅲ . ①机械制图 – AutoCAD 软件 – 教材
Ⅳ . ①TH126

中国版本图书馆 CIP 数据核字（2020）第 037909 号

出版发行 / 北京理工大学出版社有限责任公司
社　　址 / 北京市海淀区中关村南大街 5 号
邮　　编 / 100081
电　　话 / （010）68914775（总编室）
　　　　　（010）82562903（教材售后服务热线）
　　　　　（010）68948351（其他图书服务热线）
网　　址 / http：//www. bitpress. com. cn
经　　销 / 全国各地新华书店
印　　刷 / 三河市天利华印刷装订有限公司
开　　本 / 787 毫米 × 1092 毫米　1/16
印　　张 / 15　　　　　　　　　　　　　　　　　责任编辑 / 王玲玲
字　　数 / 352 千字　　　　　　　　　　　　　　文案编辑 / 王玲玲
版　　次 / 2020 年 8 月第 1 版　2020 年 8 月第 1 次印刷　　责任校对 / 刘亚男
定　　价 / 69. 00 元　　　　　　　　　　　　　　责任印制 / 李志强

前　言

　　为了适应机电行业快速发展和高等院校机电专业教学改革对教材的需要，我们在全国机电行业和职业教育发展较好的地区进行了广泛的调研，以培养技能型人才为出发点，以高等院校教学需求为标准，经过充分的调研与讨论，精心策划了这套高等院校机电类规划教材。针对高等教育培养应用型人才重在实践能力和职业技能训练的特点，本教材力求体现国家倡导的"以就业为导向，以能力为本位"的精神，精简整合理论课程，注重实训教学，强化岗前培训，教材内容统筹规划，合理安排知识点、技能点，"以任务带动项目"，使知识更精练，目标更明确。

　　AutoCAD 是美国 Autodesk 公司开发的通用计算机辅助绘图与设计系列软件，自 1982 年问世以来，经过近 20 多次的升级，不断减少命令行的使用限制，增加对话框输入方式，显得十分人性化，符合计算机操作向智能化方向发展的要求。它具有支持人机交互、有益学习、使用方便、网络支持便捷等特点，是当今工程设计领域中广泛使用的现代绘图工具软件。本书选用 AutoCAD 2018 绘图软件编写教材。

　　本书结合作者多年从事工程制图、计算机绘图课程教学的经验和体会，按照学生学习 CAD 的认知规律，以项目的方式展开课程，全书包含八大项目，每一项目根据具体的知识又设置了不同的任务，"解决任务"就是每一次课的目标，将理论知识融入一个个具体的图例绘制中。首先从界面的组成和基本操作入手，使学生对 CAD 操作有基本的了解，然后循序渐进，介绍常用绘图命令、绘图辅助工具、绘图环境的设置、图形编辑、尺寸标注、块的操作及图形输出，最后介绍轴测图和三维图形的绘制。通过对本书的学习，学生能够全面地了解和掌握 AutoCAD 2018 基本绘图与设计功能。书中实例丰富，语言通俗易懂，安排条理清晰，能够激发学生的兴趣，大大提高学生的学习效果。

　　本书可以作为高等院校和技术类院校的工程类专业或近似专业的教材，也可以作为职业技能和技术人员的培训教材。本书与《机械制图》（谢丽君、冯爱平、张玲芬主编，北京理工大学出版社，2018 年 9 月）教材编排顺序一致，可以与机械制图课程同时开设，相辅相成。与本书配套的《AutoCAD 2018 机械制图项目化习题集》将同时出版，习题集的编排顺序与本书体系保持一致。

本书由烟台汽车工程职业学院王小芳、王平、冯吉涛任主编，冯爱平、徐善崇、于洋、栾芳任副主编，孙鸣瀚、周丽华、李任飞、于惠莉参编。其中，王小芳编写项目一、项目三，王平编写项目二，冯吉涛、李任飞、孙鸣瀚编写项目四、项目五，冯爱平、徐善崇、周丽华编写项目六、项目七，于洋、栾芳、于惠莉编写项目八。全书由王小芳统稿。

由于编者水平有限，书中难免存在不妥之处，敬请读者批评指正。

目　　录

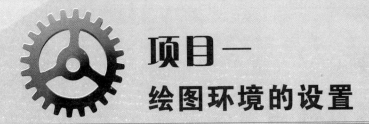

项目一
绘图环境的设置

通过本项目的学习，熟悉 AutoCAD 2018 的工作空间，了解绘图环境，并能设置符合要求的绘图环境，掌握 AutoCAD 2018 的基本操作。

任务一 AutoCAD 2018 的基本操作

 知识目标

了解 AutoCAD，熟悉 AutoCAD 2018 启动和退出的方法。

熟悉 AutoCAD 2018 的工作界面和基本操作。

掌握点的坐标表示。

掌握图形文件的管理。

掌握"直线"命令的操作。

 能力目标

学会 AutoCAD 2018 的基本操作。

通过学习直线命令，掌握 CAD 中命令的基本操作方法。

 任务描述

打开 AutoCAD 2018 软件，绘制如图 1 - 1 - 1 所示的简单图形，并保存图形，然后关闭 AutoCAD 2018 软件，最后按保存路径打开此文件。

相关知识

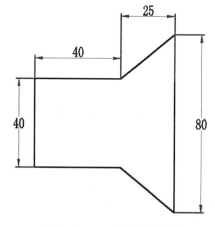

图 1 - 1 - 1　简单图形样例

一、AutoCAD 软件的相关概述

AutoCAD 是由美国 Autodesk（欧特克）公司于 20 世纪 80 年代初为微机上应用 CAD 技术而开发的绘图程序软件包，经过不断的完善，现已成为国际上流行的绘图工具。AutoCAD 可以绘制任意二维和三维图形，并且与传统的手工绘图相比，用 AutoCAD 绘图速度更快、精度更高，并且更有个性，它已经在航空航天、造船、建筑、机械、电子、化工、美工、轻纺等很多领域得到了广泛应用，并取得了丰硕的成果和巨大的经济效益。

AutoCAD 具有良好的用户界面，通过交互菜单或命令行方式便可以进行各种操作。它的多文档设计环境，让非计算机专业人员也能很快地学会使用，并在不断实践的过程中更好地掌握它的各种应用和开发技巧，从而不断提高工作效率。AutoCAD 具有广泛的适应性，它可以在各种操作系统支持的微型计算机和工作站上运行，并支持分辨率从 320 × 200 到 2 048 ×

1 024 的各种图形显示设备 40 多种，以及数字仪和鼠标器 30 多种，绘图仪和打印机数十种，这就为 AutoCAD 的普及创造了条件。

二、AutoCAD 2018 的启动与退出

1. AutoCAD 2018 的启动

启动 AutoCAD 2018 的方法如下：

◎双击桌面上的快捷图标。

◎选择"开始"→"程序"→"Autodesk"→"AutoCAD 2018 Simplified Chinese"→"AutoCAD 2018"菜单。

◎双击任意一个已经存在的 AutoCAD 图形文件。

启动 AutoCAD 2018 后，进入新选项卡页面，如图 1 - 1 - 2 所示。这个界面为用户提供了便捷的入门功能介绍，包括"了解"页面和"创建"页面。默认打开的是"创建"页面。下面来熟悉一下两个页面的基本功能。

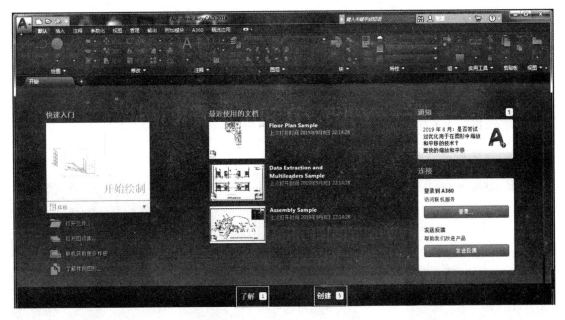

图 1 - 1 - 2 AutoCAD 2018 启动界面

1）"了解"页面

在"了解"页面，可以看到"新增功能""快速入门视频""学习提示"和"联机资源"等功能，如图 1 - 1 - 3 所示。"新增功能"帮助用户观看 AutoCAD 2018 软件中新增的部分功能视频。"快速入门视频"帮助用户快速熟悉 AutoCAD 2018 工作空间界面及相关操作的功能指令。"联机资源"是进入 AutoCAD 2018 的联机帮助窗口，单击"AutoCAD 基础知识漫游"图标，即可打开联机帮助文档网页。

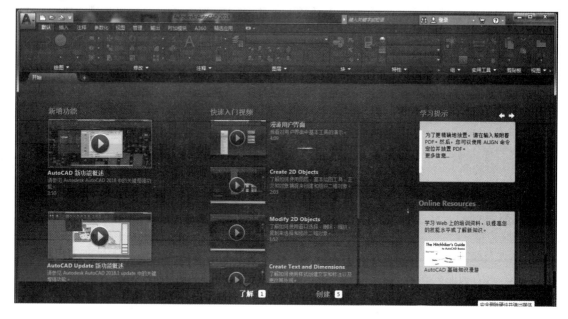

图 1 - 1 - 3　AutoCAD 2018 "了解" 选项界面

2) "创建"页面

在"创建"页面中，包括"快速入门""最近使用的文档"和"连接"3 个引导功能。如图 1 - 1 - 2 所示。

"快速入门"是新用户了解 AutoCAD 2018 的第一步。如果直接单击"开始绘制"大图标，随后将进入 AutoCAD 2018 的工作空间中，如图 1 - 1 - 4 所示。若单击"样板"按钮，则可选择 AutoCAD 样板文件。

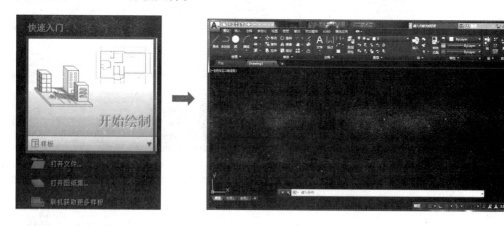

图 1 - 1 - 4　直接进入 AutoCAD 2018 工作空间

单击"打开文件"选项，会弹出选择文件对话框。从系统路径中找到 AutoCAD 文件并打开。

单击"打开图纸集"选项，可以选择打开用户先前创建的图纸集。

单击"联机获取更多样板"选项，可以到 Autodesk 官方网站下载各种符合设计要求的样板文件。

单击"了解样例图形"选项，可以在弹出的"选择文件"对话框中打开 AutoCAD 自带的样例文件，这些样例文件包括建筑、机械、室内等图纸样例和图块样例。

"最近使用的文档"功能，可以快速打开之前建立的图纸文件，而不用通过打开"打开文件"方式去寻找文件。

"连接"功能，可以在此登录 Autodesk360，还可以将使用 AutoCAD 2018 时遇到的困难或者发现的软件自身的缺陷反馈给 Autodesk 公司。

2. AutoCAD 2018 的工作空间

在"创建"页面单击"开始绘制"大图标，进入 AutoCAD 2018 工作空间。AutoCAD 2018 有"二维草图与注释""三维建模"和"AutoCAD 经典"3 种工作空间模式。单击状态栏中的"切换工作空间"按钮，可以在 3 种工作空间中切换，如图 1 – 1 – 5 所示。在程序默认状态下，窗口中打开的是"二维草图与注释"工作空间。

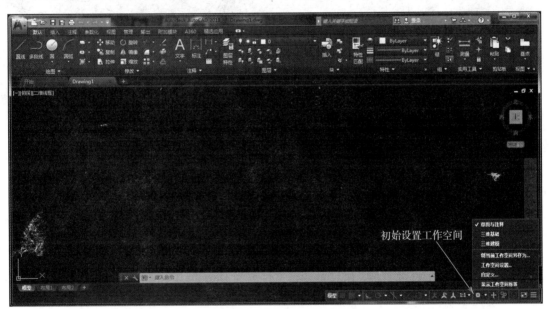

图 1 – 1 – 5　AutoCAD 2018 工作界面

对于"AutoCAD 经典"空间模式，需要通过单击"自定义…"自行设置。

3. AutoCAD 2018 的退出

退出 AutoCAD 2018 的方法：

◎单击窗口左上角的 图标，在展开的面板中单击"退出 Autodesk AutoCAD 2018"。

◎单击标题栏右侧的"关闭"按钮。

◎命令行：输入 QUIT 或 EXIT，按 Enter 键。

三、AutoCAD 2018 工作空间界面的组成

本书以"二维草图与注释"工作空间界面为例进行介绍，如图 1 - 1 - 6 所示。其工作界面主要由标题栏、菜单浏览、快速访问工具栏、信息搜索中心、功能区、文件选项卡、绘图区、命令行、状态栏等元素组成。

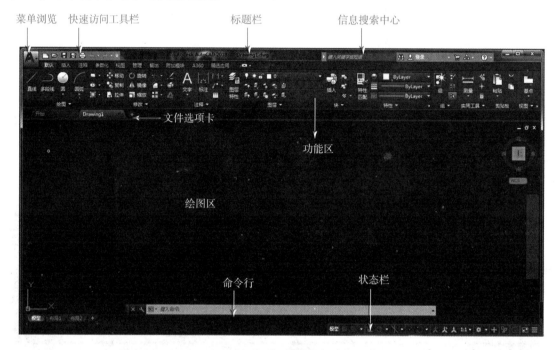

图 1 - 1 - 6　AutoCAD 2018"二维草图与注释"空间工作界面

1. 标题栏

标题栏位于工作空间的最上方，标题栏中间显示的是软件的名称（AutoCAD 2018），其后是当前打开的图形文件名称，默认的图形文件名为 Drawing1. dwg。

2. 菜单浏览

用户可通过访问菜单浏览来进行一些简单的操作。默认情况下，菜单浏览位于软件窗口的左上角，如图 1 - 1 - 7 所示。

3. 快速访问工具栏

快速访问工具栏用于存储经常访问的命令按钮，包括"新建""打开""保存""打印""放弃""重做"等按钮，如图 1 - 1 - 8 所示。该工具栏可以自定义，其中包含由工作空间定义的命令集。用户可以在快速访问工具栏上添加、删除和重新定位命令，还可以按用户设计需要添加多个命令。如果没有可用空间，则多出的命令将合并显示为弹出按钮。

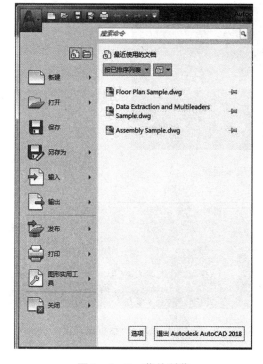

图 1 – 1 – 7 菜单浏览

图 1 – 1 – 8 快速访问工具栏

4. 功能区

功能区以面板的形式将各工具按钮分门别类地集合在选项卡内，如图 1 – 1 – 9 所示。用户在调用工具时，只需在功能区中展开相应选项卡，然后在所需面板上单击工具按钮即可。"默认"选项卡功能区中包含了常用的工具按钮面板，包括绘图、修改、注释、图层、块、特性、组、实用工具、剪贴板、视图面板。

图 1 – 1 – 9 "默认"选项卡

单击面板标题中间的箭头 ▼，面板将展开，以显示其他工具和控件。默认情况下，当单击其他面板时，滑出式面板将自动关闭。要使面板保持展开状态，则单击滑出式面板左下角的图钉图标 ，如图 1 – 1 – 10 所示。

面板是可以浮动的，拖动面板，将其从功能区选项卡中拉出，并放到绘图区域中或其他监视器上。浮动面板将一直处于打开状态（即使切换功能区选项卡），直到将其放回到功能区，如图 1 – 1 – 11 所示。

一些功能区面板提供了对与该面板相关的对话框的访问。要显示相关的对话框，则单击面板右下角处由箭头图标 表示的对话框启动器，如图 1 – 1 – 12 所示。

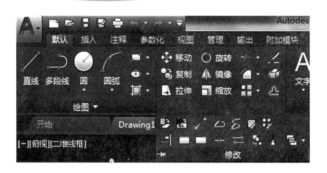

图 1 - 1 - 10　展开选项卡面板

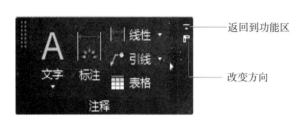

图 1 - 1 - 11　浮动面板

图 1 - 1 - 12　对话框启动器

5. 绘图区

绘图区位于用户界面的正中央，即被工具栏和命令行所包围的整个区域，此区域是用户的工作区域，图形的设计与修改工作就是在此区域内进行操作的。默认状态下绘图区是一个无限大的电子屏幕，任何尺寸的图形，都可以在绘图区中绘制和灵活显示。

当移动鼠标时，绘图区会出现个随光标移动的十字符号，此符号为十字光标，它由拾点光标和选择光标叠加而成。其中拾点光标是点的坐标拾取器，当执行绘图命令时，显示为拾点光标；选择光标是对象拾取器，当选择对象时，显示为选择光标，当没有任何命令执行时，显示为十字光标，如图 1 - 1 - 13 所示。

十字光标　　　　拾点光标　　　　选择光标

图 1 - 1 - 13　光标的三种状态

在绘图区左下部显示"模型"选项卡，表示当前工作空间为模型空间，通常在模型空间进行绘图。单击"模型"按钮可展开布局 1、布局 2 和布局 3 空间，布局空间是默认设置下的布局空间，主要用于图形的打印输出。

在绘图区左下角显示坐标系图标。坐标原点（0，0）位于图纸左下角。X 轴为水平轴，向右为正；Y 轴为垂直轴，向上为正；Z 轴方向垂直于 XY 平面，指向绘图者为正。

6. 命令行

命令行位于绘图区的下侧，它是用户与 AutoCAD 软件进行数据交流的平台，主要功能就是用于提醒和显示用户当前的操作步骤，如图 1 − 1 − 14 所示。

图 1 − 1 − 14　命令行

"命令行"可以分为"命令输入窗口"和"命令历史窗口"两部分，上面几行为"命令历史窗口"，用于记录执行过的操作信息；下面一行是"命令输入窗口"，用于提醒用户输入命令或命令选项。可通过拖动窗口边框的方式改变命令行的大小，使其显示多于三行或少于三行的信息。按 F2 键，系统则会以"文本窗口"的形式显示更多的历史信息，再次按 F2 键，即可关闭"命令历史窗口"。

命令行窗口是显示用户与 AutoCAD 对话的地方。初学者在绘图时，应时刻注意该区的提示信息，根据提示，确定下一步的操作，否则将会造成所答非所问的错误操作。若无意中隐藏了提示区，可用 Ctrl + 9 组合键将其打开。

7. 状态栏

状态栏位于 AutoCAD 2018 工作界面的最底端，如图 1 − 1 − 15 所示。状态栏显示光标位置、绘图工具及会影响绘图环境的工具。坐标读数器的左侧是一些重要的精确绘图功能按钮，主要用于控制点的精确定位和追踪；状态栏右端的按钮则用于查看布局与图形、注释比例及用于对工具栏、窗口、工作空间切换等，都是一些辅助绘图功能。

图 1 − 1 − 15　状态栏

默认情况下，状态栏不会显示所有工具，可以通过状态栏上最右侧的按钮选择要从"自定义"菜单显示的工具。例如，勾选"坐标"，则会在状态栏左端显示坐标读数器，用于显示十字光标所处位置的坐标值。

状态栏上显示的工具可能会发生变化，具体取决于当前的工作空间及当前显示的是"模型"选项卡还是"布局"选项卡。"模型或图纸空间"选项卡用来控制绘图工作是在模型空间还是在图纸空间进行。默认状态是在模型空间，一般的绘图工作都是在模型空间进行的。图纸空间主要完成打印、输出图形的最终布局。

状态栏的精确绘图工具包括捕捉工具、栅格工具、极轴工具、对象捕捉工具、对象追踪工具和快捷菜单。

1）显示图形栅格

打开显示图形栅格时，屏幕上将布满小方格。栅格的作用是在作图时辅助定位和显示图纸幅面。右击状态栏上的"栅格"按钮，选择其快捷菜单中的"设置"选项，可打开"草图设置"对话框，在"栅格间距"中设置 X、Y 轴栅格的间距，如图 1 – 1 – 16 所示。建议初学者打开该模式，以便观察图幅大小及位置。

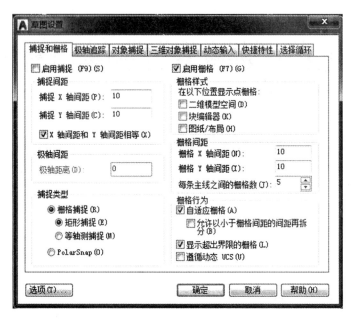

图 1 – 1 – 16 "草图设置"对话框的"捕捉和栅格"选项卡

2）捕捉模式

默认情况下，光标只能捕捉栅格点。建议初学者关闭该模式。

3）正交限制光标

打开正交限制光标，可以快速、准确地绘制水平、垂直线段，也可以保持水平、垂直关系移动或者复制对象。

【提示】在"正交限制光标"打开的模式下绘图，在后续章节中简称正交模式。

4）按指定角度限制光标（极轴追踪）

在绘图时，系统将根据设置的角度显示一条追踪线，用户可以通过输入数据进行精确绘图。右击状态栏上的"极轴"按钮，选择其快捷菜单中的"设置"选项，可打开"草图设置"对话框，选择增量角。默认情况下，增量角为 90°，即系统设有 4 个极轴，当与 X 轴的夹角分别为 0°、90°、180°、270°时出现极轴。

【提示】在"按指定角度限制光标"打开的模式下绘图，在后续章节中简称极轴模式。

5）等轴测草图

等轴测草图开关打开后，绘图环境切换为等轴测坐标环境，可以进行等轴测图的绘制。

6）显示捕捉参考线（对象捕捉追踪）

若打开该开关，通过捕捉对象上的关键点，并沿正交方向或极轴方向拖动光标，可以显示光标当前的位置与捕捉点之间的关系。若找到符合要求的点，直接单击即可，也可以输入数据。

7）将光标捕捉到二维参照点（对象捕捉）

所有几何对象都有一些决定形状和方位的关键点。绘图时利用对象捕捉功能，可以自动捕捉这些关键点。单击图标右侧箭头 ▼，可以设置常用的捕捉关键点。也可以单击"对象捕捉设置"，打开"草图设置"对话框中的"对象捕捉"选项卡，设置对象捕捉关键点，如图1-1-17所示。选择后单击"确定"按钮即可完成设置。绘图时，一般要将"对象捕捉"打开，以便捕捉这些特殊点。应特别注意，"将光标捕捉到二维参照点"与前面提到的"捕捉模式"是完全不同的两种模式，初学者一定要注意它们的区别。

图1-1-17 "对象捕捉"选项卡

8. 菜单栏

默认状态下菜单栏是不显示的，要显示菜单栏，具体操作为：单击快速访问工具栏最右端的图标，单击勾选"显示菜单栏"选项。AutoCAD 2018 为用户提供了"文件""编辑""视图""插入""格式""工具""绘图""标注""修改""参数""窗口""帮助"主菜单，如图1-1-18所示。如果要关闭菜单栏，执行相同的操作，选中"隐藏菜单栏"选项即可。

图 1-1-18　菜单栏

四、AutoCAD 2018 的基本操作

1. 鼠标（表 1-1-1）

表 1-1-1　鼠标操作

左键	右键	滚轮
①拾取（选择）对象 ②选择菜单 ③输入点 在绘图区直接单击一点或捕捉一个特征点	①确认拾取 ②确认默认值 ③终止当前命令 ④重复上一条命令 ⑤弹出快捷菜单	①转动滚轮，可实时缩放 ②按住滚轮并拖动鼠标，可实时平移 ③双击滚轮，可实现显示全部

2. 键盘（表 1-1-2）

表 1-1-2　键盘作用

空格键	Enter 键	Esc 键	Del 键
①结束数据的输入或确认默认值 ②结束命令 ③重复上条命令	与空格键基本相同	取消当前的命令	选择对象后，按下该键将删除被选择的对象

【提示】在命令行中输入数据或命令后，必须按一下空格键或 Enter 键！本书在后面的操作中不再赘述。

3. 命令的输入

（1）单击命令按钮。

（2）用键盘输入命令名，随后按空格键确认。

（3）从菜单栏中选取命令。

> 【提示】本书只介绍最简捷的命令输入方法，键盘输入命令只介绍特殊情况。

4. 命令的终止

（1）当一条命令正常完成后，将自动终止。

（2）在执行命令过程中按 Esc 键终止当前命令。

（3）按空格键或 Enter 键或右击选择"确定"结束命令。

（4）从功能面板或菜单栏中调用另一个命令时，将自动终止当前正在执行的绝大部分命令。

5. 点的输入方式

1）用鼠标输入点

当系统提示输入点时，在绘图区单击即可确定一点。也可利用对象捕捉功能，捕捉需要的特殊点，如中点、端点、圆心、象限点等。

2）用键盘输入点的坐标

点在空间的位置是通过坐标来确定的。坐标有直角坐标系和极坐标系两种表示法。坐标还有绝对坐标和相对坐标之分。

①绝对坐标。绝对直角坐标的输入格式：用 (X, Y) 表示，如 $(20, 30)$（只输入数据，不输入括号，输入时应处于英文状态。下同）。输入数据后，必须按下空格键加以确认。

绝对极坐标的输入格式：用（距离<角度）表示。如 $(30 < 45)$，表示该点距坐标原点的距离为 30 个单位，和原点的连线与 X 轴正方向的夹角为 45°。

②相对坐标。相对直角坐标是相对于前一点的坐标，其输入形式为 $(@\triangle X, \triangle Y)$（$\triangle X$，$\triangle Y$ 表示相对于前一点的 X，Y 方向的变化量，X 坐标向右变化，则 $\triangle X$ 为正，反之，为负；Y 坐标向上变化，则 $\triangle Y$ 为正，反之，为负）。例如 $(@35, 20)$，表示输入了一个相对于前一点向右移 35、向上移 20 的点，如图 1 - 1 - 19 所示。

相对极坐标也是相对于前一点的坐标，它通过指定该点到前一点的距离及与 X 轴的夹角来确定点。相对极坐标输入方法为：（@ 距离<角度）。在 AutoCAD 中，默认设置的角度正方向为逆时针方向，水平向右为 0°。例如 $(@45 < 30)$，表示该点与前一点的距离为 45，两点连线与 X 轴的夹角为 30°，如图 1 - 1 - 20 所示。

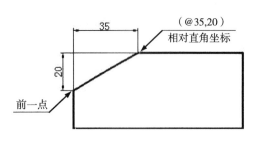

图 1 - 1 - 19 用相对直角坐标输入点

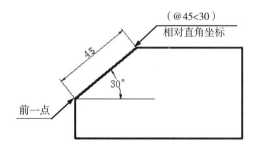

图 1 - 1 - 20 用相对极坐标输入点

3）用给定距离的方式输入点

用鼠标导向，从键盘直接输入相对前一点的距离。对于正交模式下绘制与坐标轴平行的线段，或配合极轴追踪模式绘制指定角度的线段，使用给定距离的方式，则效果尤为明显。绘图时应打开"正交限制光标"或"极轴"模式。

> 【提示】在输入坐标值后，系统提示：输入无效点，或者无法输入@符号时，一般为输入法不正确，应改变输入法为英文状态。

五、直线的画法

1. 功能

使用直线命令可以在任意两点之间绘制直线，也可以在命令行连续输入下一点的位置，从而绘制出一系列连续的直线段，直到按 Enter 键或空格键退出直线命令。

2. 执行命令的方法

◎"绘图"面板：单击"直线"按钮 🖉。

◎命令行：输入"LINE"，按 Enter 键。

◎命令行：输入命令简写"L"，按 Enter 键。

◎菜单栏：单击"绘图"→"直线"。

3. 操作步骤

输入直线命令后，命令行提示："指定第一点："，输入直线段的起点。

命令行提示："指定下一点或［放弃(U)］："，输入直线段的端点。

命令行提示："指定下一点或［放弃(U)］："，输入下一直线段的端点。在绘图区右击，在弹出的快捷菜单中选择"确认"命令，或按 Enter 键。

命令行提示："指定下一点或［闭合(C)/放弃(U)］："，指定下一直线段的端点或输入"C"，按 Enter 键。

六、使用夹点编辑图形

对象的夹点是对象本身的一些特殊点。当选择对象时，在对象上将显示若干小方框，这些小方框就是用来标记被选中对象的夹点。使用夹点可以在不调用任何编辑命令的情况下，对需要编辑的对象进行修改。单击所要编辑的对象，当对象上出现若干个夹点时，单击其中一个夹点作为编辑操作的基点，该夹点被激活，以红色的实心小方框显示，这种处于被激活状态的夹点称为热夹点。拖动热夹点，就可以使用 AutoCAD 的夹点功能对相应的对象进行拉伸、移动、旋转等编辑操作，如图 1 – 1 – 21 所示。

图 1 – 1 – 21　不同对象夹点示例

1. 控制夹点显示

单击"菜单浏览"中的"选项"按钮，打开"选项"对话框，单击"选择集"标签，打开"选择集"选项卡，在该选项卡中可以设置是否显示夹点及夹点的尺寸、颜色等，如图 1 – 1 – 22 所示。系统默认的设置是"显示夹点"，在这种情况下，用户无须显示命令。

图 1 – 1 – 22　设置夹点选项卡

2. 使用夹点编辑

1）使用夹点拉伸对象

①选择对象，则出现蓝色夹点。

②选择基准夹点，基准夹点变为红色。

③当命令行提示："指定拉伸点或［基点(B)/复制(C)/放弃(U)/退出(X)］："时，移动光标，则选定对象随着基准夹点的移动被拉伸，至合适位置后单击。还可以输入新点的坐标来确定拉伸位置。

④按 Esc 键，取消夹点。

2）利用夹点移动对象

先选择对象，使其夹点显示出来，然后单击某个夹点，使其成为红色，再从快捷菜单中选择"移动"，最后用鼠标拖动对象到指定位置。

对于某些夹点，移动夹点时只能移动对象而不能拉伸对象，如文字、块、直线中点、圆心、椭圆中心等的夹点。

3）利用夹点对对象进行其他操作

首先选择对象，使其夹点显示出来，然后激活其中一个夹点，使其变成红色，再从快捷菜单中选择"编辑"选项，然后根据提示对所有选取的图形同时进行操作。要取消夹点显示，只需按一次 Esc 键或直接输入其他命令即可。

七、图形文件的管理

1. 创建图形文件

图形文件创建的几种方法。

◎在启动界面单击"开始绘制"按钮。

◎快速访问工具栏：单击"新建"按钮。

◎文件选项卡：单击加号按钮 。

◎命令行：输入"NEW"，按 Enter 键。

◎菜单栏：单击"文件"→"新建"。

选择"文件"→"新建"菜单，打开"选择样板"对话框。在该对话框中选择对应的样板后，单击"打开"按钮，系统会以相应的样板为模板建立新图形，如图 1 - 1 - 23 所示。

初学者一般选择样板文件 acadiso，或单击右下角"打开"后面的下三角按钮，选择"无样板打开—公制(M)"，即可建立新文件。

2. 打开图形文件

图形文件的打开有以下几种方式。

◎在启动对话框中，单击"打开文件"按钮。

◎快速访问工具栏：单击"打开"按钮。

◎命令行：输入"OPEN"，按 Enter 键。

图 1 – 1 – 23 "选择样板"对话框

◎菜单栏：单击"文件"→"打开"。

选择"文件"→"打开"菜单，打开"选择文件"对话框，如图 1 – 1 – 24 所示。在该对话框中选择要打开的图形文件后，单击"打开"按钮，即可打开该图形文件。

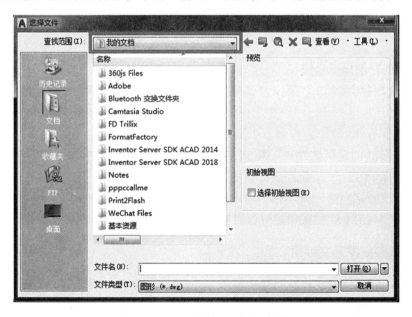

图 1 – 1 – 24 "选择文件"对话框

3. 保存图形文件

图形文件的保存有以下几种方式。

◎快速访问工具栏：单击"保存"按钮。

◎命令行：输入"QSAVE"，按 Enter 键。

◎菜单栏：单击"文件"→"另存为"或"文件"→"保存"。

◎按 Ctrl + S 组合键。

选择"文件"→"另存为"菜单，打开"图形另存为"对话框，如图 1 - 1 - 25 所示。

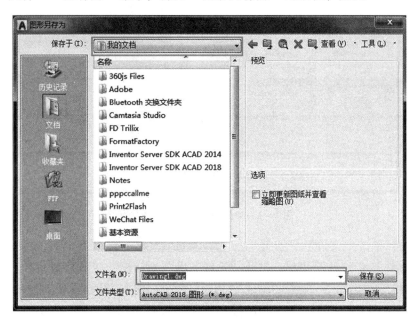

图 1 - 1 - 25　"图形另存为"对话框

该对话框的一般操作步骤：

（1）在"文件类型（T）"下拉列表框中选择所需的文件类型。该对话框的一般图形文件应使用默认类型"（∗.dwg）"，存为模板文件时，采用 AutoCAD 样板文件（∗.dwt）。

（2）在"保存于（I）"下拉列表中选择文件存放的磁盘目录。

（3）可单击"创建新文件夹"按钮，创建自己的文件夹、创建后，双击该文件夹，使其显示在"保存于（I）"下拉列表窗口中。

（4）在"文件名（N）"文本框中输入图形文件名。

（5）单击"保存（S）"按钮即可保存当前图形。

4. 修复或恢复图形文件

硬件问题、电源故障或软件问题会导致 AutoCAD 程序意外终止，此时的图形文件容易被损坏。用户可以通过使用命令查找并更正错误或恢复为备份文件，修复部分或全部数据。

1）修复损坏的图形文件

在 AutoCAD 程序出现错误时，诊断信息被自动记录在 AutoCAD 的 acad.err 文件中，用户可以使用该文件查看出现的问题。如果在图形文件中检测到损坏的数据或者用户在程序发生故障后要求保存图形，那么该图形文件将标记为已损坏。

如果图形文件只是轻微损坏，有时只需打开图形，程序便会自动修复。若损坏得比较严重，可以使用修复、外部参照修复及核查命令进行修复。

①"修复"工具可以用来修复损坏的图形。用户可以通过以下命令方式来执行此命令：

◎菜单浏览：单击"图形实用工具"→"修复"→"修复"。

◎命令行：输入"RECOVER"。

◎菜单栏：单击"文件"→"图形实用工具"→"修复"。

执行 RECOVER 命令后，程序弹出"选择文件"对话框，通过该对话框选择要修复的图形文件并打开，程序自动对图形进行修复，并弹出图形修复信息对话框。该对话框中详细描述了修复过程及结果。

②"使用外部参照修复"工具可以修复损坏的图形和外部参照。用户可以通过以下命令方式来执行此命令：

◎菜单浏览：单击"图形实用工具"→"修复"→"修复图形和外部参照"。

◎命令行：输入"RECOVERALL"。

◎菜单栏：单击"文件"→"图形实用工具"→"修复图形和外部参照"。

初次使用外部参照修复来修复图形文件时，执行 RECOVERALL 命令后，程序会弹出"全部修复"对话框，如图 1-1-26 所示。该对话框提示用户接着该执行什么操作。

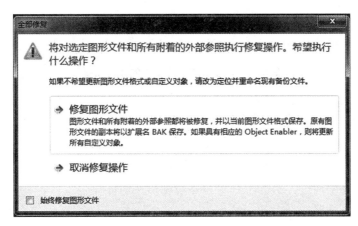

图 1-1-26　"全部修复"对话框

③"核查"工具可以用来检查图形的完整性并更正某些错误。用户可以通过以下命令方式来执行此操作：

◎菜单浏览：单击"图形实用工具"→"核查"。

◎命令行：输入"AUDIT"。

◎菜单栏：单击"文件"→"图形实用工具"→"核查"。

2）创建和恢复备份文件

备份文件有助于确保图形数据的安全。当 AuoCAD 程序出现问题时，用户可以恢复图形备份文件，以避免不必要的损失。

（1）创建备份文件。

单击"菜单浏览"→"选项"，弹出"选项"对话框，在"打开和保存"选项卡中，可以指定在保存图形时创建备份文件，如图 1-1-27 所示。执行此操作后，每次保存图形时，图形的早期版本将保存为具有相同名称并带有扩展名 . bak 的文件。该备份文件与图形文件位于同一个文件夹中。

图 1 - 1 - 27　设置备份文件的保存选项

（2）从备份文件恢复图形。

从备份文件恢复图形的操作步骤如下：

- 在备份文件保存路径中，找到由 . bak 文件扩展名标识的备份文件。
- 将该文件重命名。输入新名称，文件扩展名为 . dwg。
- 在 AutoCAD 中通过"打开"命令将备份图形文件打开。

3）图形修复管理器

程序或系统出现故障后，可以通过图形修复管理器来打开图形文件。用户可以通过以下命令方式来打开图形修复管理器：

◎菜单浏览：单击"图形实用工具"→"图形修复管理器"。

◎命令行：输入"DRAWINGRECOVERY"。

◎菜单栏：单击"文件"→"图形实用工具"→"图形修复管理器"。

 任务实施

1. 启动 AutoCAD 2018

选择"开始"→"程序"→"Autodesk"→"AutoCAD 2018 Simplified Chinese"→"AutoCAD 2018"菜单，启动软件。

2. 开始绘图

在快速访问工具栏中单击"新建"按钮，打开"选择样板"对话框，在模板列表框中选择"acadiso. dwt"，单击"打开"按钮。

3. 绘制简单图形

（1）输入直线命令后，命令行提示："_line 指定第一点"。

（2）从键盘输入（130，180）（用绝对直角坐标系给出第1点）。命令行提示："指定下一点或［放弃(U)］："。

（3）打开［极轴］追踪，右移光标给出指引方向（极轴0°），然后输入"40"（用直接距离给出第2点），命令行提示："指定下一点或［放弃(U)］："。

（4）输入（@25，20）（用相对直角坐标系给出第3点），命令行提示为："指定下一点或［闭合(C)/放弃(U)］："。

（5）向下移动光标给出指引方向（极轴270°），然后输入"80"（用直接距离给出第4点），命令行仍提示："指定下一点或［闭合(C)/放弃(U)］："。

（6）输入（@−25，20）（用相对直角坐标系给出第5点），命令行继续提示："指定下一点或［闭合(C)放弃(U)］："。

（7）向左移动光标给出指引方向（极轴180°），然后输入"40"（用直接距离给出第6点），命令行继续提示："指定下一点或［闭合(C)/放弃(U)］："。

（8）单击第1点后，按空格键结束命令。命令行提示变为"命令："，处于待命状态。

4. 保存

在快速访问工具栏中单击"保存"按钮，打开"图形另存为"对话框。在"保存于"下拉列表中选择"D：\AutoCAD 2018 练习"文件夹（此文件夹用户自己新建），在"文件名"文本框中输入"练习1. dwg"，单击"保存"按钮保存文件。

【提示】①再次强调：用键盘输入数据或选项后，必须按空格键或 Enter 键加以确认。

②输入第一个点时，可以用鼠标单击任意位置确定，也可以用键盘输入具体坐标值确定。

③若在"制定下一点或［闭合(C)/放弃(U)］："提示下输入"U"或选择快捷菜单中的"放弃"选项，将撤销最后画出的一条线段。

④初学者在操作过程中必须密切注视命令提示行的提示信息，根据提示，确定下一步要进行的操作。

⑤在 CAD 所有的命令操作中，只要遇到有选项的提示行，就可以在绘图区单击鼠标右键，从弹出的快捷菜单中选择所需的选项，而不必从键盘输入，这样可以大大提高绘图的速度。

任务二 AutoCAD 2018 绘图环境的设置

知识目标

掌握"系统配置""单位""图形界限""图层"的设置方法。

掌握"选择对象""删除""修剪""撤销"命令的使用。

能力目标

会设置绘图环境。

熟练使用直线命令，并能使用"删除""修改"等命令修改图形。

任务描述

绘制简单的两视图，如图 1 - 2 - 1 所示，要求根据图形的尺寸设置图形界限，根据需要创建图层，利用绘图辅助功能（如对象捕捉、对象追踪等）加快绘图速度，最后利用"删除"命令删去多余的线。

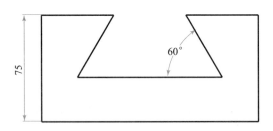

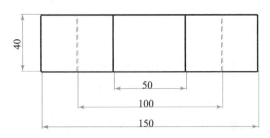

图 1 - 2 - 1　绘制简单图形样例

一、修改系统配置

单击工作界面左上角 ▲，在"菜单浏览"对话框中单击"选项"，在弹出的"选项"对话框中修改三项默认的系统配置。

①选择"选择集"选项卡，设置拾取框的大小，如图 1 – 2 – 2 所示。

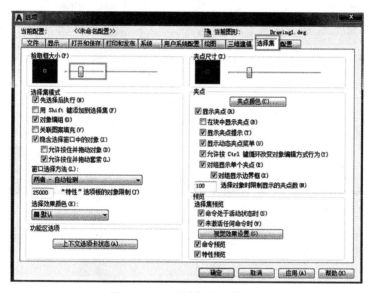

图 1 – 2 – 2 "选择集"选项卡

②选择"显示"选项卡，修改绘图区背景颜色为白色或黑色，显示精度设为 2 000，如图 1 – 2 – 3 所示。

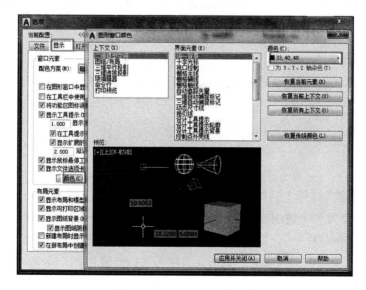

图 1 – 2 – 3 "显示"选项卡

③选择"用户系统配置"选项卡，自定义鼠标右键功能，如图1-2-4所示。

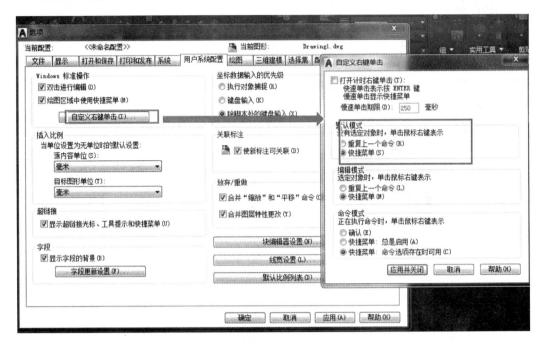

图1-2-4 "用户系统配置"对话框

是否修改其他选项的默认配置，根据具体情况自定。

二、设置图形单位

1. 功能

设置度量单位，确定一个单位代表的距离。如果没有特殊情况，一般保持默认设置，即绘制机械图形时不需再进行设置。

2. 执行命令的方法

◎命令行：输入"UNITS"，按 Enter 键。
◎菜单栏：单击"格式"→"单位"。

3. 操作步骤

（1）选择"格式"→"单位"菜单，打开"图形单位"对话框，如图1-2-5所示。设置长度类型为"小数"（即十进制），其精度为"0"；设置用于缩放插入内容的单位为"毫米"；设置角度类型为"十进制度数"，其精度为"0"。

（2）单击"方向(D)…"，打开"方向控制"对话框（图1-2-6）。可以选择基准角度，通常以"东"作为0°的方向，默认的正方向为逆时针方向。

图 1 - 2 - 5 "图形单位"对话框

图 1 - 2 - 6 "方向控制"对话框

三、设置图形界限

1. 功能

图形界限就是标明用户的工作区域和图纸的边界，设置图形界限就是为绘制的图形设置某个范围。

2. 执行命令的方法

◎命令行：输入"LIMITS"，按 Enter 键。
◎菜单栏：单击"格式"→"图形界限"。

3. 操作步骤

以选横 A3 图幅为例：

（1）选择菜单栏中的"格式"→"图形界限"命令。系统提示："指定左下角点或［开（ON）/关（OFF）］< 0.0000,0.0000 > :"，按空格键确认，即接受默认值，确定图幅左下角图界坐标。

（2）当命令行提示："指定右上角点 < 420.0000,297.0000 > :"时，再按空格键，即确定图纸幅面为横 A3。如果要设置竖 A3，则此时应输入" < 297,420 >"。

若在选项中选择"开（ON）"，则打开图形界限校核，即只能在图形界限内绘图，超出界限将不能画图，默认状态是"关（OFF）"。

常用图幅尺寸见表 1 - 2 - 1。

表1-2-1 图纸基本幅面尺寸

A0	A1	A2	A3	A4
1 189×841	841×594	594×420	420×297	297×210

四、图层的设置与控制

1. 图层的概念

图层相当于没有厚度的透明胶片，可以将图形画在上面，一幅图样中的所有图层都是用同一个坐标系定位的，如图1-2-7所示。

一个图层可以设置一种线型和赋予一种颜色，所以要画多种线型就要设多个图层。画哪一种线，就把哪一图层设为当前图层。另外，

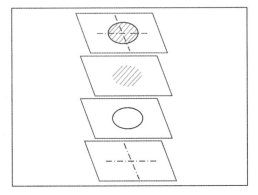

图1-2-7 图层的概念

各层都可以设定线宽，还可以根据需要进行开关、冻结、解冻、锁定或解锁等操作。

2. 创建图层

单击图层面板的"图层特性"按钮，打开"图层特性管理器"对话框，如图1-2-8所示。

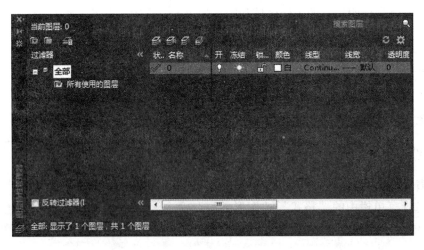

图1-2-8 "图层特性管理器"对话框

在默认情况下，AutoCAD 提供一个"0"图层，颜色为"白色"，线型为实线，线宽为默认值0.25。单击对话框中的新建图层按钮，AutoCAD 会创建一个名称为"图层1"的新图层，此时用户可以为其输入新的图层名，一般用汉字并根据功能来命名，如"粗实线""细实线""中心线""虚线""尺寸线""剖面线""文字"等。

3. 设置图层状态

打开与关闭开关口，用于控制图层的打开与关闭。灯泡为黄色，表示打开状态。若单击灯泡，则变成灰色，图层被关闭，该层上的实体将被隐藏。

解冻与冻结开关，用于控制图层的解冻与冻结。图标为太阳，表示该图层没有被冻结。若单击图标，则变成雪花，表示该图层被冻结，该层上的实体被隐藏。

解锁与加锁开关，用于控制图层的解锁与加锁。加锁图层上的实体是可以看见的，也可以绘图，但无法编辑。

4. 设置图层颜色

单击某图层的颜色名称，打开"选择颜色"对话框，如图1-2-9所示。选择所需颜色的图标后单击"确定"按钮，并返回"图层特性管理器"对话框。

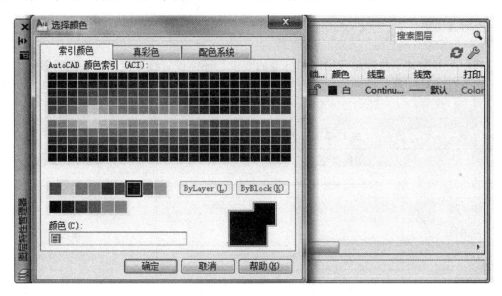

图1-2-9 "选择颜色"对话框

5. 设置图层线型

单击"0"层的线型名称，弹出"选择线型"对话框，如图1-2-10所示。

在该对话框中单击所需的线型名称并单击"确定"按钮，返回"图层特性管理器"对话框。如果"选择线型"对话框中没有所需的线型，可单击"加载(L)…"按钮，打开"加载或重载线型"对话框来装入线型。

AutoCAD提供了标准线型库，相应库的文件名为"ACADISO. LIN"。标准线型库提供了多种线型，其中包含多个长短、间隔不同的虚线和点画线，只有进行适当的搭配，在同一线型比例下，才能绘制出符合国家制图标准的图线。

下面推荐一组绘制工程图时常用的线型，见表1-2-2。

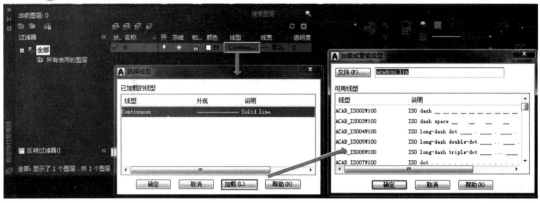

图 1-2-10 "选择线型"对话框

表 1-2-2 常用的线型

实线	点画线	虚线	双点画线
CONTINUOUS	CENTER	HIDDENX2	PHANTOM

选择以上线型并不能满足我国制图标准的要求，还需设置线型比例，后面将叙述。

为了方便文件交换，国家标准 GB/T 18229 规定了表 1-2-3 所列线型的颜色，应认真遵守。

表 1-2-3 GB/T 18229 规定的线型颜色

图线类型		屏幕上的颜色
粗实线	———————————————	白色
细实线	———————————————	绿色
波浪线	～～～～～～～～～	
双折线	——～⌁～——	
虚线	— — — — — — — — — —	黄色
细点画线	— · — · — · — · —	红色
粗点画线	— · — · — · —	棕色
双点画线	— ·· — ·· — ·· —	粉红色

> 【提示】若屏幕底色为白色，或彩色线条出图时，建议将黄色的虚线改为蓝色。屏幕底色为白色时，粗实线颜色为黑色。

注意：由于 AutoCAD 是美国设计的软件，系统内部设置的线型并不能完全满足我国制图标准的规定，因此，建议用户自己建立一组线型，用记事本建档，存储为线型文件（＊．lin），放入 C：\Users\Administrator\AppData\Autodesk\AutoCAD 2018\R22.0\chs\Support 之中，以便加载。

CB - 记事本（GB. lin）如图 1 - 2 - 11 所示。

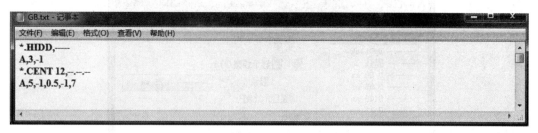

图 1 - 2 - 11　GB - 记事本

（注：记事本中输入的所有标点符号均为英文标点。）

记事本中线型设定的含义如下。

＊. HIDD，----：表示虚线。

A，3，-1：表示画 3 mm、空 1 mm 的循环线。

＊. CENT 12，--. --. --：表示长画为 12 mm 的点画线。

A，5，-1，0.5，-1，7：表示画 5 mm、空 1 mm，再画 0.5 mm（短画）、空 1 mm，再画 7 mm 的循环线。

将点画线的长画 12 改为（5 + 7），这样可以满足圆的中心线相交时，必须是长画相交的规定。其他线型采用推荐线型。

6. 设置图层线宽

单击"0"层的线宽，打开"线宽"列表框，如图 1 - 2 - 12 所示。

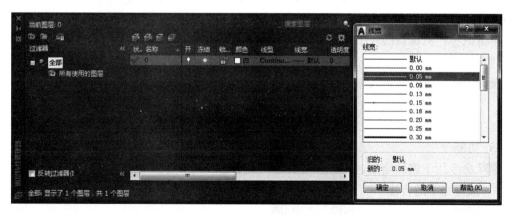

图 1 - 2 - 12　"线宽"列表框

在"线宽"列表框中选择 0.70 mm，单击"确定"按钮，即可设置"0"层的线宽为 0.70 mm。绘制工程图时，应根据制图标准为不同的图层赋予相应的线宽。为了能按实际情况显示线宽，应在"格式"菜单中选择"线宽"命令，打开"线宽设置"对话框，如图 1 - 2 - 13 所示。

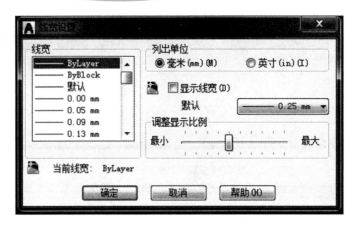

图 1 - 2 - 13 "线宽设置" 对话框

五、选择对象、删除、放弃与修剪

1. 选择对象

选择对象的默认方式如下。

1）点取方式

直接移动光标点取需要的对象。

2）窗交套索方式

单击鼠标，从窗口的右上或右下角点拖动到窗口的左下或左上角点，则完全和部分处于窗口内的对象都被选中。

单击鼠标，从窗口的左上或左下角点拖动到窗口的右下或右上角点，只有完全处于窗口内的对象被选中。

被选中的对象以蓝色线方式显示。

2. 删除

1）功能

删除命令用于删除绘图过程中产生的辅助线、错误图形等。

2）执行命令的方法

◎"修改"面板：单击"删除"按钮 。

◎命令行：输入"ERASE"或"E"，按 Enter 键。

◎菜单栏：单击"修改"→"删除"。

3）操作步骤

输入命令后，命令行提示："选择对象:"。

选择需删除的对象后右击或按空格键进行确认，方可删除所选对象。也可以先选择对象，再单击"删除"按钮（或从快捷菜单中选择"删除"）或按下 Del 键。

3. 放弃

当进行完一次操作后，如发现操作失误，可以单击"快速访问工具栏"中的"放弃"按钮或用键盘输入"U"命令来撤销上一个命令的操作。如连续单击"放弃"按钮，将依次向前撤销命令，直至起始状态。若多撤销了一次，可以单击"快速访问工具栏"中的"重做"按钮返回。

4. 修剪

修剪的功能是裁剪掉图形中超出边界的多余图线。单击"修改"面板中的"修剪"按钮后，命令行提示："选择对象或＜全部选择＞:"，此时选择的对象作为修剪的边界。拾取一条或多条对象作为修剪边界后，必须按空格键或右击确定（若直接按空格键或右击，则全部对象均作为修剪边界），命令行提示："选择要修剪的对象，或按住 Shift 键选择要延伸的对象，或［栏选(F)/窗交(C)/投影(P)/边(E)/删除(R)/放弃(U)］:"。

用鼠标拾取多余的图线即可剪掉多余部分。若按住 Shift 键选择对象，则可以将其延伸到修剪边界。

 任务实施

1. 设置绘图环境

（1）设置图形单位和图形界限。选择"格式"→"单位"菜单，打开"图形单位"对话框。在"长度"选项区，设置"类型"为"小数"，"精度"为"0.00"。在"角度"选项区，设置"类型"为"十进制度数"，"精度"为"0.0"，然后单击"确定"按钮，即可完成"图形单位"的设置。选择"格式"→"图形界限"菜单，根据图形尺寸将图形界限设置为 297×210。打开栅格，显示图形界限。

（2）创建图层。打开图层特性管理器，创建各个图层的特性，见表 1-2-4。

表 1-2-4 图层

层名	颜色	线型	线宽/mm	功能
中心线	红色	Center2	0.25	画中心线
虚线	黄色	Hidden2	0.25	画虚线
细实线	绿色	Continuous	0.25	画细实线及尺寸线
粗实线	黑色	Continuous	0.50	画轮廓线及边框
剖面线	绿色	Continuous	0.25	剖面线

（3）设置对象捕捉。单击状态栏中的"按指定角度限制光标"右侧按钮，在弹出的快捷菜单中选择"正在追踪设置"命令，打开"草图设置"对话框，在"极轴追踪"选项卡中，勾选"启动极轴追踪"复选框。在"极轴角设置"选项区中，设置"增量角"为

"60°"。然后切换到"对象捕捉"选项卡，勾选"启用对象捕捉"复选框，设置"对象捕捉模式"为"端点"和"交点"。最后单击"确定"按钮。

2. 在合适的位置绘制主视图

（1）在"图层"下拉列表中选择"粗实线"图层。

（2）单击"绘图"工具栏中的"直线"按钮。

命令行提示"命令：_line 指定第一点："时，单击指定起点。

命令行提示"指定下一点或〔放弃(U)〕："时，在极轴为 0° 的方向上输入"100"，按 Enter 键。

命令行提示"指定下一点或〔放弃(U)〕："时，先利用极轴捕捉 60°，再输入"50"，按 Enter 键。

命令行提示"指定下一点或〔闭合(C)/放弃(U)〕："时，选择正交模式，水平方向上输入"50"，按 Enter 键。

命令行提示"指定下一点或〔闭合(C)/放弃(U)〕："时，垂直方向上输入"75"，按 Enter 键。

命令行提示"指定下一点或〔闭合(C)/放弃(U)〕："时，水平方向上输入"150"，按 Enter 键。

命令行提示"指定下一点或〔闭合(C)/放弃(U)〕："时，输入"75"，按 Enter 键。

命令行提示"指定下一点或〔闭合(C)/放弃(U)〕："时，输入"50"，按 Enter 键。

命令行提示"指定下一点或〔闭合(C)/放弃(U)〕："时，输入"C"，按 Enter 键，完成主视图的绘制。

（3）打开正交模式，根据"长对正、高平齐、宽相等"的规则绘制俯视图。注意，在绘制俯视图中的虚线时，要将"虚线"图层设置为当前图层。

项目二
绘制平面图形

通过本项目的学习，熟悉常用的绘图工具和修改工具的操作，会使用绘图、修改工具绘制平面图形。

掌握"圆""圆弧""椭圆""偏移"命令。

具备绘制有关圆弧连接的平面图形的能力。

绘制手柄，如图 2－1－1 所示，要求用 A4 图纸（横向），利用对象捕捉、对象追踪、"圆"、"圆弧"和"偏移"等命令，按照国家标准的有关规定绘制，最后将多余的线删去，无须标注尺寸。

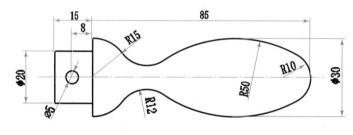

图 2－1－1　手柄图样

一、圆

1. 概述

AutoCAD 2018 提供了许多种画圆的方法，其中包括以圆心、半（直）径画圆，以两点方式画圆，以三点方式画圆，以"相切，相切，半径"画圆，以"相切，相切，相切"画圆等，如图 2－1－2 所示。

2. 执行命令的方法

◎"绘图"面板：单击"圆"按钮 🔵 或单击其下方按钮 🔽 中的其他绘制方式。

◎命令行：输入"CIRCLE"，按 Enter 键。

◎菜单栏：单击"绘图"→"圆"。

3. 操作步骤

单击圆命令后，命令行提示："circle 指定圆的圆心或〔三点(3P)/两点(2P)/相切、相切、半径(T)〕:"。

首先要根据已知条件选择画圆的方式。

图 2-1-2　画圆命令

(1) 若已知圆心和半径或直径，则采用默认方式绘制。首先用光标确定圆心的位置，然后输入半径，或通过快捷菜单选择"直径"，再输入直径数据，如图 2-1-3 所示。

(2) 若已知圆上的三个点，则选择"三点"画圆方式，依次输入三个点即可，如图 2-1-4 所示。

(3) 若已知圆上的两个端点，则选择"两点"画圆方式，依次输入两个端点即可，如图 2-1-5 所示。

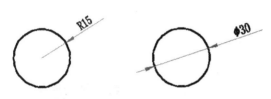

图 2-1-3　指定半径或直径画圆

图 2-1-4　指定三个点画圆

图 2-1-5　指定两个点画圆

(4) 若已知两个相切对象和圆的半径，则选择"相切，相切，半径"画圆方式，通过打开"对象捕捉"模式，依次选择两个相切对象，并输入半径即可，如图 2-1-6 所示。

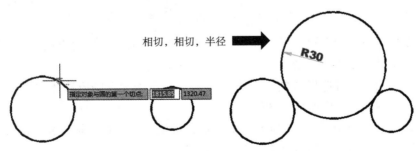

图 2-1-6　指定两个切点和半径画圆

(5) 若已知三个相切对象，则选择"相切，相切，相切"画圆方式，通过打开"对象捕捉"模式，依次选择三个相切对象即可，如图 2-1-7 所示。

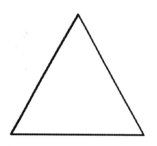

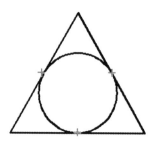

图 2-1-7　指定三个切点画圆

【提示】①当输入圆命令后，系统提示行中出现多个选项，若选择默认选项，可以直接操作，不必选择；若要选用非默认选项，则必须先选择，再进行相应的操作。

②画公切圆选择相切目标时，选目标的小方框要落在对象上，并尽量靠近实际切点位置，以防画出另一形式的公切圆。公切圆半径应大于两个切点距离的 1/2，否则无解。

二、椭圆

1. 功能

其功能为画椭圆或椭圆弧。画椭圆有"圆心""轴，端点"两种方式，"椭圆弧"方式用于画椭圆弧，如图 2-1-8 所示。

2. 执行命令的方法

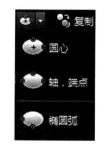

◎"绘图"面板：单击"圆心"按钮 进行绘制或单击其右侧按钮 中的其他绘制方式。

◎命令行：输入"ELLIPSE"，按 Enter 键。

◎菜单栏：单击"绘图"→"椭圆"。

图 2-1-8　画椭圆
的方式

3. 操作步骤

输入命令后，命令行提示："指定椭圆的轴端点或 ［圆弧（A）/中心点（C）］:"，此时要根据已知条件选择"轴端点"或"圆弧"或"圆心"方式。

当中心点已知时，可选择"圆心"方式。若中心点未知，则应选择"轴端点"方式。当要绘制的是椭圆弧时，应选择"圆弧"方式。

选择"轴端点""圆弧"或"圆心"方式后，根据下一步提示输入相应的数据或选项，再进一步输入数据，即可绘制所需的椭圆或椭圆弧。

【例1】用两种方式绘制一个长轴为 100、短轴为 50 的椭圆，如图 2-1-9 所示。

操作步骤如下：

（1）用"轴端点"方式绘制图2-1-9（a）所示椭圆。

①输入椭圆命令，用光标选择第1点，指定椭圆长轴的端点。

②右移光标极轴0°时输入"100"，确定长轴的另一个端点2。

③输入"25"，即指定另一条半轴长度。

（2）用"圆心"方式绘制图2-1-9（b）所示椭圆。

①输入椭圆命令，右击，在快捷菜单中选择"圆心"，用光标选择第1点确定椭圆的中心点。

②右移光标极轴0°时输入"50"，即指定长轴的端点2。

③输入"25"，即指定另一条半轴长度。

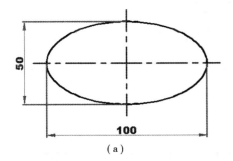
（a）

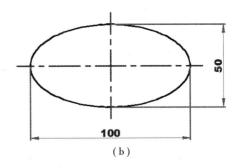
（b）

图2-1-9　两种方式画椭圆

【提示】①在绘制倾斜的椭圆时，可使用相对极坐标输入第2点来完成。

②在输入另一条半轴长度时，可以选择"旋转"选项，指定绕第一条轴旋转的角度来创建椭圆。

【例2】用两种方式绘制一长轴为100、短轴为50、起始角为90°、终止角为300°的椭圆弧，如图2-1-10所示。

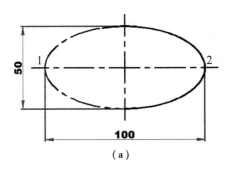
（a）

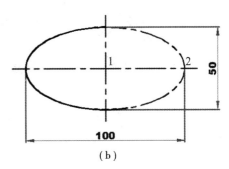
（b）

图2-1-10　两种方式画椭圆

（1）用"轴端点"方式绘制如图2-1-10（a）所示椭圆弧。

操作步骤如下：

①单击"椭圆弧"按钮后，用光标选择第1点，指定椭圆的长轴端点。

②右移光标极轴0°时输入"100"，指定长轴的另一个端点2。

③输入"25"，指定另一条半轴长度（以上步骤同"轴端点"方式画椭圆），建立一个完整的椭圆。

④输入"90"并确认，再输入"300"，指定起始角度和终止角度后，系统按逆时针方向绘制椭圆弧。

（2）用"圆心"方式绘制如图2-1-10（b）所示椭圆弧。

操作步骤如下：

①单击"椭圆弧"按钮后，右击，在快捷菜单中选择"中心点"，用光标选择第1点，确定椭圆的中心点。

②右移光标极轴0°时输入"50"，指定椭圆长轴的端点2。

③输入"25"，指定另一条半轴长度（以上步骤同"中心点"方式画椭圆），建立一个完整的椭圆。

④输入"90"并确认，再输入"300"，指定起始角度和终止角度后，系统按逆时针方向绘制椭圆弧。

三、圆弧

选择"绘图"面板中的"圆弧"及其子命令，或单击"绘图"工具栏中的"圆弧"按钮，即可绘制圆弧。在 AutoCAD 2018 中，圆弧的绘制方法有 11 种，建议初学者不使用"圆弧"命令，遇到圆弧连接的图形时，可以用圆命令配合修剪命令绘制。

四、偏移

1. 功能

"偏移"命令将选中的直线、圆弧、圆及二维多段线等按指定的偏移量或通过点生成一个与原对象形状类似的新对象（单根直线是生成相同的新对象），如图2-1-11所示。

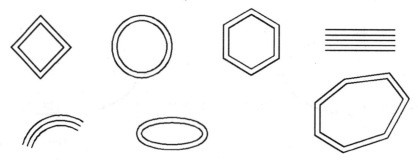

图2-1-11　偏移示例

2. 执行命令的方法

◎"修改"面板：单击"偏移"按钮 。

◎命令行：输入"OFFSET"，按 Enter 键。

◎菜单栏：单击"修改"→"偏移"。

3. 操作步骤

1）指定偏移距离方式（默认项）

输入命令后，命令行提示："指定偏移距离或［通过(T)/删除(E)/图层(L)］<通过>："。

输入偏移距离后，命令行提示："选择要偏移的对象，或［退出(E)/放弃(U)］<退出>："。

选择要偏移的对象后，命令行提示："指定要偏移的那一侧上的点，或［退出(E)/多个(M)/放弃(U)］<退出>："。

用鼠标指定偏移的方位后，命令行继续提示："选择要偏移的对象，或［退出(E)/放弃(U)］<退出>："。

可以再选择要偏移的对象或右击结束命令。

若再选择对象，将重复以上操作。

2）指定通过点方式

输入命令后，命令行提示："指定偏移距离或［通过(T)/删除(E)/图层(L)］<通过>："。

选择"通过"后，命令行提示："选择要偏移的对象，或［退出(E)/放弃(U)］<退出>："。

选择要偏移的对象，对象变虚，同时命令行提示变为："指定通过点或［退出(E)/多个(M)/放弃(U)］<退出>："。

给出新对象的通过点即可偏移出新对象，命令行仍在提示："选择要偏移的对象，或［退出(E)/放弃(U)］<退出>："。

可以再选择要偏移的对象或右击结束命令。

【提示】①偏移命令在选择对象时，只能用"直接点取方式"选择对象，并且一次只能选择一个对象。

②输入命令后，系统提示中的"删除"选项用来确定是否删除源对象。

③输入命令后，系统提示中的"图层"选项用来确定新偏移出来的对象是放到源对象所在的图层还是放在当前的图层。

任务实施

1. 设置绘图环境

（1）设置图形单位和图形界限。选择"格式"→"单位"菜单，打开"图形单位"对话框。在"长度"选项区，设置"类型"为"小数"，"单位"为"0.00"。在"角度"选项区，设置"类型"为"十进制度数"，"单位"为"0.00"，然后单击"确定"按钮，即可完成"图形单位"的设置。选择"格式"→"图形界限"菜单，根据图形尺寸将图形界限设置为 297×210。单击"栅格显示"按钮，打开栅格，显示图形界限。

（2）创建图层。打开图层特性管理器，创建图层。

（3）设置对象捕捉。单击状态栏中的"按指定角度限制光标"右侧按钮▼，在弹出的快捷菜单中选择"正在追踪设置"命令，打开"草图设置"对话框，在"对象捕捉"选项卡中勾选"启用对象捕捉"复选框，设置"对象捕捉模式"为"端点""交点"和"切点"，然后单击"确定"按钮。

2. 绘制手柄

（1）画基线。在"图层"下拉列表中选择"中心线"图层。利用"LINE"命令画出中心线，并根据各个封闭图形的定位尺寸，利用"OFFSET"命令画出定位线，如图 2-1-12 所示。

（2）画出已知线段。利用"LINE"直线命令绘制尺寸为 20 mm、15 mm 的已知线段；利用 CIRCLE 命令绘制 ϕ5 mm、R15 mm、R10 mm 的圆。如图 2-1-13 所示。

图 2-1-12　画基线

图 2-1-13　画出已知线段

（3）画出中间线段。单击绘图面板的"圆"中的"相切，相切，半径"按钮，当命令行提示"指定对象与圆的第一个切点："时，指定距离中心线上侧为 15 mm 的线作为辅助线，然后指定线上的某个点为第一个切点。当命令行提示"指定对象与圆的第二个切点："时，指定 R10 mm 圆上的某个点为第二个切点。当命令行提示"指定圆的半径 <10.00>："时，输入"50"，按 Enter 键。重复以上步骤，绘制中心线下侧的圆。利用"TRIM"命令修剪图形，效果如图 2-1-14 所示。

图 2-1-14　画出中间线段

（4）画出连接线段。单击绘图面板的"圆"中的"相切，相切，半径"按钮，当命令行提示"指定对象与圆的第一个切点："时，指定 R15 mm 圆上的某个点为第一个切点。当命令行提示"指定对象与圆的第二个切点："时，指定 R50 mm 圆上的某个点为第二个切点。当命令行提示"指定圆的半径 <10.00>："时，输入"12"，按 Enter 键。重复以上步骤，画对称圆，如图 2-1-15 所示。

（5）修剪。利用"TRIM"命令修剪多余线段，如图 2-1-16 所示。

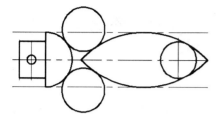

图 2 – 1 – 15　画出连接线段

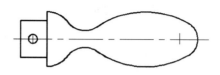

图 2 – 1 – 16　修剪后的手柄

任务二　绘制棘轮

　知识目标

掌握设置点样式的方法。

掌握单点、多点的区别。

掌握定距等分、定数等分的区别。

掌握"多线段""阵列""缩放"和"拉伸"命令。

　能力目标

能够快速绘制具有相同机件的图形。

能够用多种方法绘制同一图形。熟练使用直线命令，并能使用"删除""修改"等命令修改图形。

　任务描述

利用"阵列""修剪"等命令绘制出图 2 – 2 – 1 所示的棘轮。

　相关知识

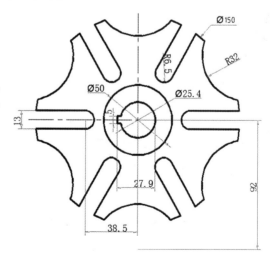

图 2 – 2 – 1　棘轮图样

一、点的样式

1. 功能

指定点对象的显示样式和大小。

2. 执行命令的方法

◎"实用工具"面板：单击"点样式…"按钮 。

◎菜单栏：单击"格式"→"点样式"。

3. 操作步骤

点样式决定所画点的形状和大小。单击"实用工具"面板中的"点样式…"按钮，打开"点样式"对话框，如图 2-2-2 所示。

具体操作步骤如下：

（1）单击对话框上部点的形状图例。

（2）在"点大小（S）"文本框中指定点的大小。数值越大，点越大，反之越小。

（3）单击"确定"按钮完成点样式设置。

二、点

1. 功能

"点"命令可以按设定的点样式在指定位置画点，也可以在指定对象上给定等分点的数目进行"定数等分"或按一定距离进行"定距等分"，以便插入图形。

2. 执行命令的方法

◎命令行：输入"POINT"，按 Enter 键。

◎菜单栏：单击"绘图"→"点"，如图 2-2-3 所示。

3. 操作步骤

从菜单栏中选择"绘图"→"点"命令，继而选择画点方式进行画点。"单点"方式在绘图区一次只能绘制一个点；"多点"方式在绘图区一次可以画多个点，直到按 Esc 键或右击结束命令。

若选择"定数等分"方式，选择要等分的对象后，命令行提示："输入线段数目或 ［块（B）］:"，输入线段数目并确定后，在等分点处有一个点的标记。

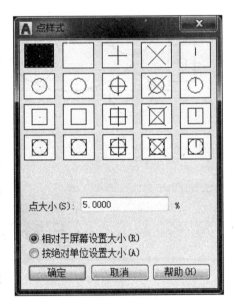

图 2-2-2 "点样式"对话框

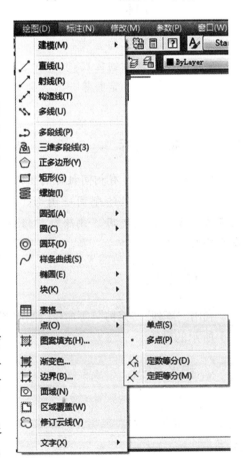

图 2-2-3 "点"菜单

默认状态下点的标记是一个小圆点，不易看清，此时可以用"点样式"对话框重新设置点样式。若选择"定距等分"方式，选择要等分的对象后，输入线段长度即可在等分点处有一个点的标记。

"定数等分"与"定距等分"的对照如图 2－2－4 所示。

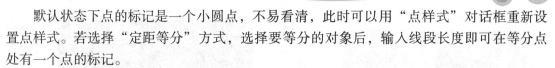

定数等分（线段数目为 5）　　　　　　　　　　定距等分（定距为 50）

图 2－2－4　"定数等分"与"定距等分"

三、阵列

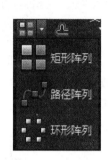

图 2－2－5　"阵列"方式

"阵列"命令是用于创建规则图形结构的复合命令，使用此命令可以创建均布结构或聚心结构的复制图形。阵列的方式有三种：矩形阵列、环形阵列和路径阵列。如图 2 － 2 － 5 所示。

1. 矩形阵列

1）功能

"矩形阵列"是将图形对象按照指定的行数和列数，以矩形的排列方式进行大规模复制。

2）执行命令的方法

◎"修改"面板：单击"矩形阵列"按钮

◎命令行：输入"ARRAYRECT"，按 Enter 键。

◎菜单栏：单击"修改"→"阵列"→"矩形阵列"。

3）操作步骤

绘制需要阵列的对象，例如绘制一个矩形。

单击"矩形阵列"按钮后，命令行提示："选择对象:"。

选择矩形后，系统激活并打开"阵列创建"选项卡，如图 2－2－6 所示。

图 2－2－6　矩形阵列"阵列创建"选项卡

绘图区阵列图形，如 2 － 2 － 7 所示。命令行提示："选择夹点以编辑阵列或［关联（AS）基点（B）计数（COU）间距（S）列数（COL）行数（R）层数（L）退出（X）］＜退出＞:"。

拖动夹点可以改变阵列图形的位置、行数、列数及行列间距，如图 2 － 2 － 8 所示。拖动夹点到合适位置，创建阵列图形。创建后，单击关闭阵列。如果需要重新编辑阵列图形，单击图形就可以激活"阵列"选项卡进行修改，或者单击"修改"面板的"编辑阵列"按钮。

43

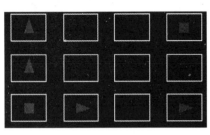

图 2 - 2 - 7　阵列图形

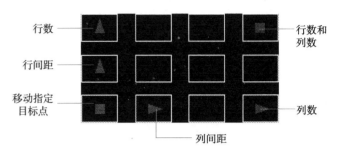

图 2 - 2 - 8　夹点的编辑

在"阵列创建"选项卡中进行参数的调节也可以改变阵列图形，并能够精准确定阵列的基点、行列数、行列间距及层级。

例如，行间距为 50，列间距为 70，以左下角为阵列源对象，行数为 3，列数为 4，阵列效果如图 2 - 2 - 9 所示。

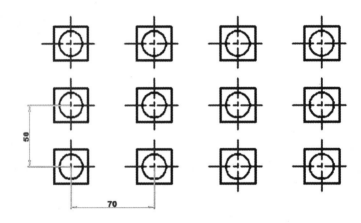

图 2 - 2 - 9　矩形阵列示例

其"阵列创建"选项卡中参数的设置如图 2 - 2 - 10 所示。

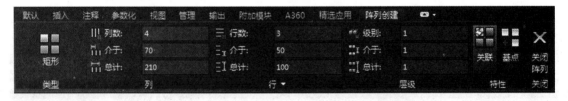

图 2 - 2 - 10　矩形阵列"阵列创建"选项卡参数设置

2. 环形阵列

1）功能

"环形阵列"是将图形对象按照指定的中心点和阵列数目以圆形排列。

2）执行命令的方法

◎"修改"面板：单击"环形阵列"按钮 ▦。

◎命令行：输入"ARRAYPOLAR"，按 Enter 键。

◎菜单栏：单击"修改"→"阵列"→"环形阵列"。

3）操作步骤

首先绘制需要阵列的对象，例如绘制一个圆形。

单击"环形阵列"按钮 后，命令行提示："选择对象："。

选择圆形后，命令行提示："指定阵列的中心点或［基点(B)旋转轴(A)]："。

单击圆形的圆心，设置为中心点，系统激活并打开"阵列创建"选项卡，如图 2－2－11 所示。

图 2－2－11　环形阵列"阵列创建"选项卡

绘图区的阵列图形如 2－2－12 所示。命令行提示："选择夹点以编辑阵列或［关联(AS)基点(B)项目(I)项目间角度(A)填充角度(F)行(ROW)层数(L)旋转项目(ROT)退出(X)]＜退出＞："。

通过拖动夹点可以改变阵列的位置、拉伸半径、项目间的角度、项目数及行列间距，如图 2－2－13 所示。拖动夹点到合适位置，创建阵列图形。创建后，单击关闭阵列。

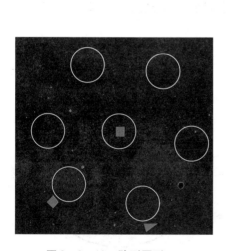

图 2－2－12　阵列图形

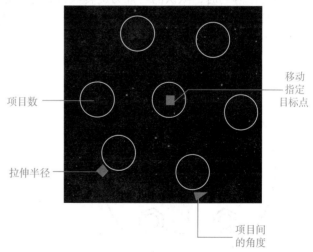

图 2－2－13　夹点的编辑

通过"阵列创建"选项卡中参数的调节，可以精确确定阵列的基点、项目数、项目间的角度、行数及层级。

例如，项目数为 8，项目间角度为 30°，行数为 2，行距为 160，阵列效果如图 2－2－14 所示。

其"阵列"选项卡参数设置如图 2－2－15 所示。

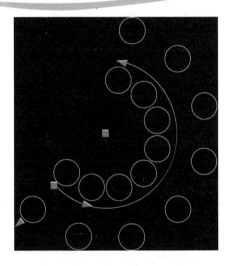

图 2 - 2 - 14　环形阵列示例

图 2 - 2 - 15　"阵列创建"选项卡参数设置

在环形阵列时，默认的特性为旋转项目，陈列时项目按照阵列的角度旋转；如果取消旋转，则阵列时项目不旋转。图 2 - 2 - 16 所示为复制时旋转对象的结果，图 2 - 2 - 17 所示为不旋转对象的结果。

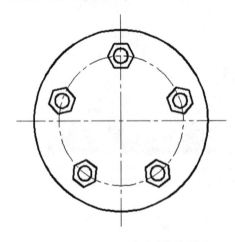 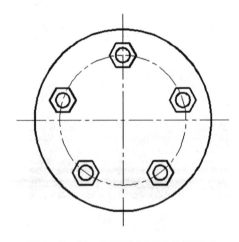

图 2 - 2 - 16　环形阵列时旋转项目　　　　　　图 2 - 2 - 17　环形阵列时不旋转项目

3. 路径阵列

1）功能

"环形阵列"是将图形对象沿着一条路径进行排列，排列形态由路径形态而定。

2）执行命令的方法

◎"修改"面板：单击"路径阵列"按钮 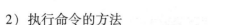。

◎命令行：输入"ARRAYPATH"，按 Enter 键。

◎菜单栏：单击"修改"→"阵列"→"路径阵列"。

3）操作步骤

首先绘制需要阵列的路径，例如绘制一条曲线。再绘制一个圆形，作为阵列的对象。如图 2-2-18 所示。

图 2-2-18　绘制阵列对象圆和曲线路径

单击"路径阵列"按钮 后，命令行提示："选择对象:"。

选择圆形后，命令行提示："选择路径曲线:"。

单击路径曲线，系统激活并打开"阵列创建"选项卡，如图 2-2-19 所示。

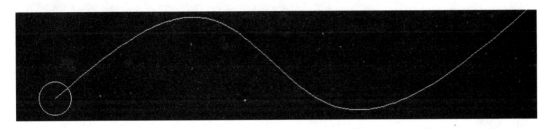

图 2-2-19　环形阵列"阵列创建"选项卡

绘图区阵列图形如 2-2-20 所示。命令行提示："选择夹点以编辑阵列或［关联（AS）方法（M）基点（B）切向（T）项目（I）行（R）层（L）对齐项目（A）z 方向（Z）退出（X）］＜退出＞:"。

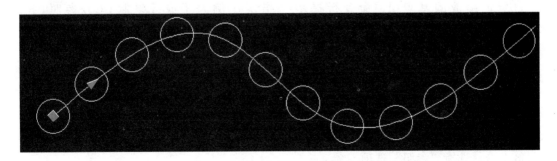

图 2-2-20　阵列图形

通过拖动夹点可以改变阵列的行数和项目间距，如图 2-2-21 所示。同样，也可以通过调节选项卡中的参数来精确设置阵列。

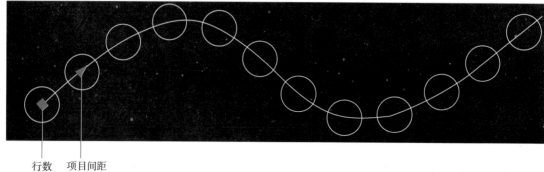

行数　项目间距

图 2 – 2 – 21　夹点的编辑

四、缩放

1. 功能

缩放命令可将选中的对象按指定比例因子方式或参照方式相对于基点进行放大或缩小。当比例因子大于 1 时，为放大对象；当比例因子小于 1 时，为缩小对象。

2. 执行命令的方法

◎"修改"面板：单击"缩放"按钮 司。
◎命令行：输入"SCALE"，按 Enter 键。
◎命令行：输入简写"SC"，按 Enter 键。
◎菜单栏：单击"修改"→"缩放"。

3. 操作步骤

1）用指定比例因子方式进行缩放
①输入命令后，拾取要缩放的对象，如图 2 – 2 – 22（a）所示。
②指定缩放的基点 A，命令行提示："指定比例因子或 ［复制（C）/参照（R）］<0.5000 >："。
③输入要缩放的比例"2"并确认，结果如图 2 – 2 – 22（b）所示。
2）用参照方式进行缩放
①输入命令后，拾取要缩放的对象，如图 2 – 2 – 23（a）所示。
②指定缩放的基点 A，命令行提示："指定比例因子或 ［复制（C）/参照（R）］<0.5000 >："。
③右击，选择"参照"选项。
④用选择两点方式输入参照长度，在图 2 – 2 – 23（a）中标注线段的两端点 1、2。
⑤输入新长度"50"，结果如图 2 – 2 – 23（b）所示。

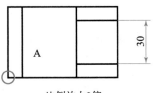

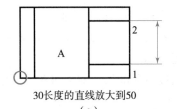

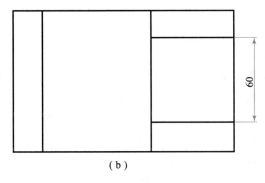

比例放大2倍
（a）

30长度的直线放大到50
（a）

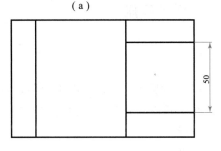

（b）

（b）

图2-2-22　指定比例因子方式缩放示例　　　图2-2-23　参照方式缩放示例

【提示】①用参照方式进行比例缩放，所给出的新长度与原长度之比即为缩放的比例值。缩放一组对象时，只要知道其中任意一个尺寸的原长度和缩放后的长度，就可以使用参照方式，计算机会自动计算出缩放比例。该方式在绘图时非常实用。

②利用提示中的"复制"选项可在保留原对象的基础上创建一个缩放对象。

五、拉伸

1. 功能

"拉伸"命令可将选中的对象拉伸或压缩到指定的位置。在操作该命令时，必须用交叉方式选择对象。

一般情况下，与选取窗口相交的对象会被拉长或压缩，完全在选取窗口外的对象不会有任何改变，完全在选取窗口内的对象将发生移动。

2. 执行命令的方法

◎"修改"面板：单击"拉伸"按钮 。
◎命令行：输入"STRETCH"，按 Enter 键。
◎命令行：输入简写"S"，按 Enter 键。
◎菜单栏：单击"修改"→"拉伸"。

3. 操作步骤

操作步骤如下：

①输入"拉伸"命令，命令行提示："选择对象："。

②用交叉方式选择对象后，右击确定。命令行提示："指定基点或［位移(D)］<位移>："。

③指定"基点"。

④输入数值并确认，即可将对象压缩或拉伸相应的数值。

任务实施

1. 设置绘图环境

（1）设置图形单位和图形界限。选择"格式"→"单位"菜单，打开"图形单位"对话框。在"长度"选项区，设置"类型"为"小数"，"单位"为"0.00"。在"角度"选项区，设置"类型"为"十进制度数"，"单位"为"0.00"，然后单击"确定"按钮，即可完成"图形单位"的设置。选择"格式"→"图形界限"菜单，根据图形尺寸将图形界限设置为297×210。单击"栅格显示"按钮，打开栅格，显示图形界限。

（2）创建图层。打开图层特性管理器，根据表1-2-4创建图层。

（3）设置对象捕捉。单击状态栏中的"按指定角度限制光标"右侧按钮▼，在弹出的快捷菜单中选择"正在追踪设置"命令，打开"草图设置"对话框，在"对象捕捉"选项卡中勾选"启用对象捕捉"复选框，设置"对象捕捉模式"为"象限点"和"交点"，然后单击"确定"按钮。

2. 绘制棘轮

（1）将"中心线"图层设置为当前图层，绘制中心线。

（2）将"粗实线"图层设置为当前图层，绘制三个定位圆，如图2-2-24所示。

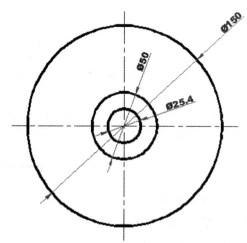

图2-2-24 绘制的三个定位圆

（3）绘制棘轮槽。先绘制 R6.5 mm 的圆，然后绘制与 R6.5 mm 的圆相切且与 φ150 mm 的圆相交的两条直线，如图2-2-25所示。

（4）绘制棘轮圆弧。绘制 R32 mm 的圆，如图2-2-26所示。

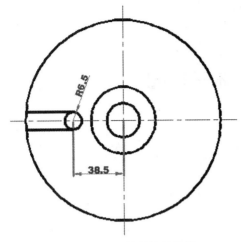

图 2 - 2 - 25　绘制的棘轮槽

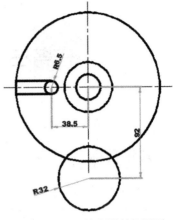

图 2 - 2 - 26　绘制的棘轮圆弧

（5）修剪棘轮槽和棘轮圆弧，如图 2 - 2 - 27 所示。

（6）阵列棘轮槽和棘轮圆弧，如图 2 - 2 - 28 所示。

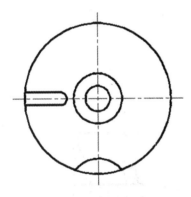

图 2 - 2 - 27　修剪棘轮槽和棘轮圆弧

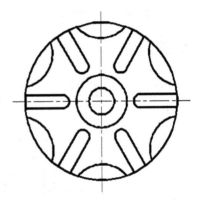

图 2 - 2 - 28　阵列后的棘轮槽和棘轮圆弧

（7）修剪棘轮槽和棘轮圆弧，如图 2 - 2 - 29 所示。

（8）绘制键槽，如图 2 - 2 - 30 所示。

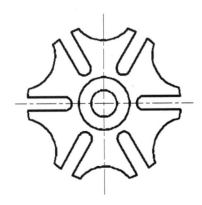

图 2 - 2 - 29　修剪后的棘轮

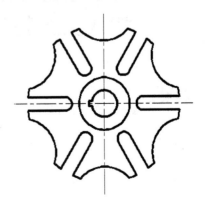

图 2 - 2 - 30　绘制键槽

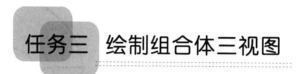

任务三　绘制组合体三视图

知识目标

掌握"构造线""射线"命令的操作。

掌握"复制""移动""旋转"和"对齐"修改命令的操作。

掌握"矩形"命令的使用操作。

能力目标

具备绘制组合体三视图的能力。

任务描述

绘制如图 3-1-1 所示的组合体三视图。

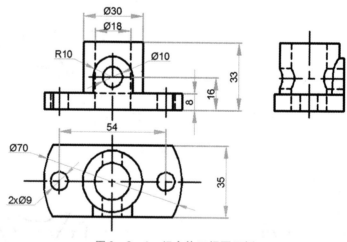

图 2-3-1　组合体三视图示例

相关知识

一、构造线

1. 功能

构造线命令在绘制工程图时常用来画辅助线，经过修剪，也可以作为轮廓线等。它可以按指定的方式和距离画一条或一组直线。

2. 执行命令的方法

◎"绘图"面板：单击"构造线"按钮。
◎命令行：输入"XLINE"，按 Enter 键。
◎命令行：输入简写"XL"，按 Enter 键。
◎菜单栏：单击"绘图"→"构造线"。

3. 操作步骤

输入命令后，命令行显示："xline 指定点或"水平（H）/垂直（V）/角度（A）/二等分（B）/偏移（O）:"。

①默认方式下，可以通过光标指定两个点来定义构造线的方向。其中第一点是构造线概念上的中点。

②若选择水平或垂直，可以创建一条经过指定点（即中点）并且平行于当前坐标系的 X 轴或 Y 轴的构造线。

③若选择角度，可以直接输入一个角度，即出现一条与 X 轴成指定角度的构造线，然后用鼠标指定经过的点。如果要绘制的角度线与一条斜线成一定夹角，则可以选择该斜线作参照，然后输入夹角，最后用鼠标指定经过的点。

④若选择二等分，可以创建指定角的二等分构造线，这时要指定等分角的顶点、起点和端点。

⑤若选择偏移，可以创建平行于指定基线的构造线，这时需要根据提示指定偏移距离和选择基线，然后指明构造线位于基线的哪一侧。

【提示】偏移对象也可用"编辑"工具栏中的"偏移"命令按钮来操作。

【例】用构造线命令绘制图 2-3-2 所示的标题栏。

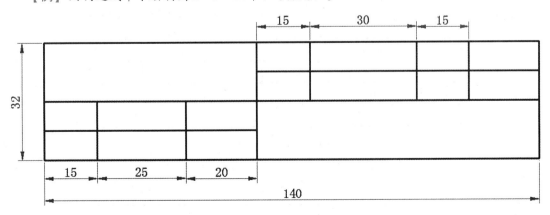

图 2-3-2 标题栏

操作步骤如下：

①单击"构造线"命令后，右击，从快捷菜单中选择"水平"命令，绘制一条水平线。

②从"编辑"工具栏中单击"偏移"命令按钮，输入"8"后，选择前面绘制的水平线，然后在其下方单击，即可偏移一条间距为8的水平线。如此操作，共偏移4条水平线。

③再次单击"构造线"命令，右击，从快捷菜单中选择"垂直"命令，绘制一条垂直线。

④连续3次右击，从快捷菜单中选择"偏移"，输入"15"后，选择前面绘制的垂线进行偏移。

⑤连续按2次空格键，然后右击，从快捷菜单中选择"偏移"命令，输入"25"后，选择刚偏移出的垂线进行偏移，如此操作，绘制结果如图2－3－3所示。

图2－3－3　绘制标题栏

⑥单击"修剪"按钮，直接右击确认，用交叉方式拾取外部多余部分，修剪结果如图2－3－4所示。

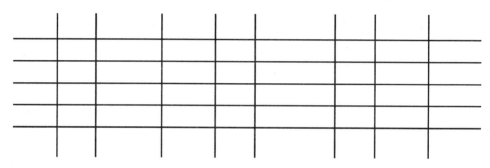

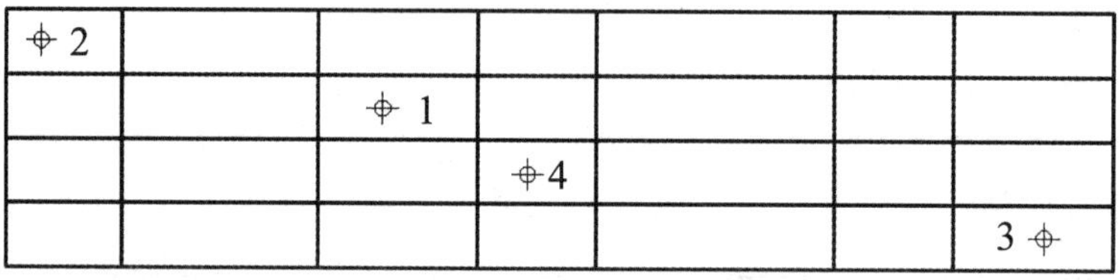

图2－3－4　绘制标题栏

⑦继续用交叉方式单击1点、2点和3点、4点，修剪结果如图2－3－5所示。

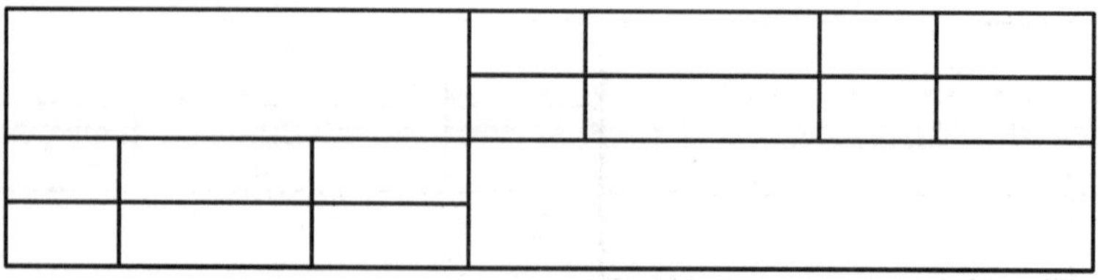

图2－3－5　绘制标题栏

二、复制

1. 功能

复制命令可将选中的对象复制到指定的位置。

2. 执行命令的方法

◎"修改"面板：单击"复制"按钮。

◎命令行：输入"COPY"，按 Enter 键。

◎命令行：输入简写"CO"，按 Enter 键。

◎菜单栏：单击"修改"→"复制"。

3. 操作步骤

如图 2 – 3 – 6 所示，先在适当位置绘制圆 1，中心线可最后绘制。

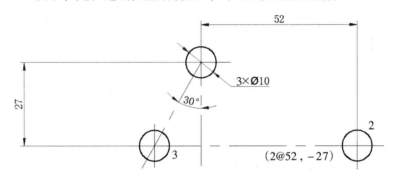

图 2 – 3 – 6　复制示例

输入复制命令后，命令行提示"选择对象："。选择圆 1，右击确定。

命令行提示："指定基点或［位移（D）/模式（O）］＜位移＞："。

指定圆 1 的圆心为"基点"后，命令行提示："指定第二个点或［阵列（A）］＜使用第一个点作为位移＞："。

输入圆心点（@52，-27），复制出圆 2。

打开"对象捕捉""对象追踪"和"极轴"，极轴增量角设为 30°。从圆 1 的圆心开始画 240°极轴线。捕捉圆 2 的圆心或左象限点，向左追踪，与 240°极轴交于一点，单击即可复制出圆 3，按空格键结束，最后绘制中心线。

> 【提示】提示中的"指定基点"是确定新复制对象位置的参考点。精确绘图时，必须按图中所给尺寸合理地选择基点。

三、旋转

1. 功能

旋转命令用于将选定的对象绕着指定的基点旋转指定的角度。

2. 执行命令的方法

◎"修改"面板：单击"旋转"按钮。

◎命令行：输入"ROTATE"，按 Enter 键。

◎命令行：输入简写"RO"，按 Enter 键。

◎菜单栏：单击"修改"→"旋转"。

3. 操作步骤

1）指定旋转角度方式（默认项）

如图 2－3－7 所示。

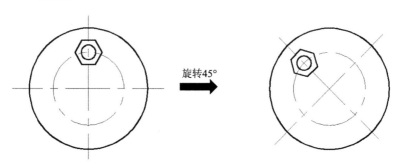

旋转45°

图 2－3－7　指定旋转角度示例

输入命令后，命令行提示："选择对象："。

用窗口方式选择对象并确认，命令行提示："指定基点："。

捕捉大圆圆心为基点，命令行提示："指定旋转角度或［复制（C）/参照（R）<0＞］："。

输入 45°并按 Enter 键，选中的对象将绕基点按指定旋转角度旋转（即逆时针旋转 45°）。

2）参照方式

如图 2－3－8 所示。

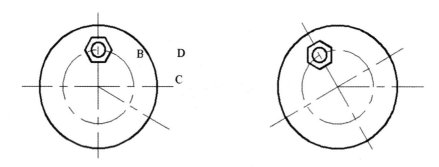

图 2－3－8　参照方式旋转示例

输入命令后，命令行提示："选择对象："。

用窗口方式选择对象并确认，命令行提示："指定基点："。

捕捉大圆圆心 B 为基点，命令行提示："指定旋转角度或［复制（C）/参照（R）<0＞］："。

右击，选择"参照"方式，命令行提示："指定参考角 <0＞："。

单击捕捉 B 点，命令行提示："指定第二点"。

单击捕捉 C 点，命令行提示："指定新角度或［点（P）<0＞："。

单击捕捉 D 点，选中的对象将绕基点 B 按指定的直线 BC 与 BD 之间的夹角旋转。

3）复制方式

如图 2 – 3 – 9 所示。

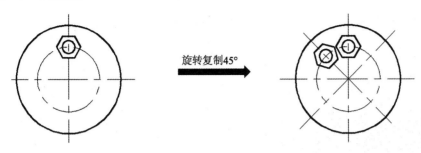

旋转复制45°

图 2 – 3 – 9　复制方式旋转示例

输入命令后，命令行提示："选择对象："。

用窗口方式选择对象并确认，命令行提示："指定基点："。

捕捉大圆圆心为基点，命令行提示："指定旋转角度或［复制(C)/参照(R)＜0＞］："。

输入"C"后，命令行提示："指定旋转角度或［复制(C)/参照(R)＜0＞］："。

输入45°并按 Enter 键，选中的对象将绕基点按指定旋转角度旋转并复制（按逆时针旋转）。

四、移动

1. 功能

"移动"命令可以将选定的对象从一个位置移到另一个位置。

2. 执行命令的方法

◎"修改"面板：单击"移动"按钮 。

◎命令行：输入"MOVE"，按 Enter 键。

◎菜单栏：单击"修改"→"移动"。

3. 操作步骤

如图 2 – 3 – 10 所示。

输入移动命令后，命令行提示："选择对象："。

选择要移动的对象，即图 2 – 3 – 10（a）中左侧的矩形，按 Enter 键确认后，命令行提示变为："指定基点或位移："。

指定所选对象的基点 A 后，命令行提示："指定位移的第二点或＜使用第一点作位移＞："。

指定对象的新位置 B 点，即可完成对象的移动。

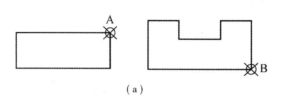

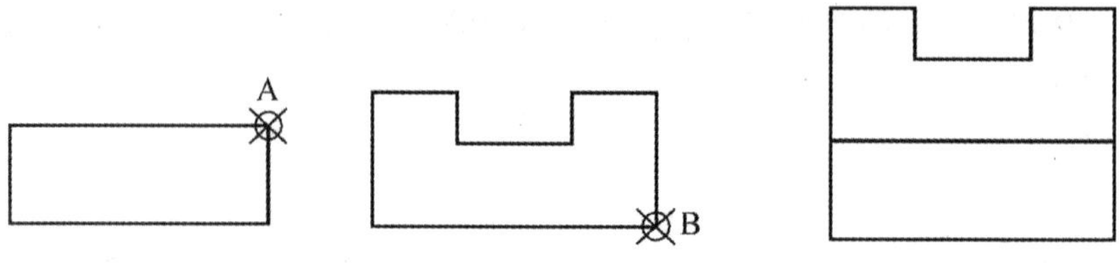

图 2-3-10 移动示例

（a）移动前；（b）移动后

【提示】①当输入基点后，命令行提示："指定位移的第二点或＜使用第一点作位移＞："时，可以用相对坐标输入第二点的位置。若直接右击，则系统自动以基点（第一点）的绝对坐标值作为相对坐标值移动对象。给定基点后，可通过对象捕捉确定移动的目标位置。因此，选择基点时尽量选择特殊点。

②在对三视图做平移时，应打开"正交"或"极轴"，以保证三视图的对应关系。

五、对齐

1. 功能

"对齐"命令可以将选定的对象移动、旋转或倾斜，使其与另一个对象对齐。

2. 执行命令的方法

◎"修改"面板：单击"对齐"按钮■。

◎命令行：输入"ALIGN"或"AL"，按 Enter 键。

◎菜单栏：单击"修改"→"三维操作"→"对齐"。

3. 操作步骤

1）用一对点对齐两对象

如图 2-3-11 所示。

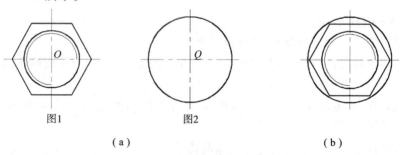

图1　　　　图2

（a）　　　　　　　　　　　（b）

图 2-3-11　一对点对齐示例

（a）对齐前；（b）对齐后

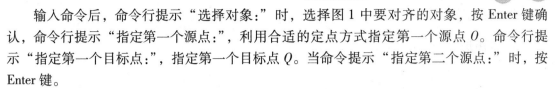

输入命令后，命令行提示"选择对象："时，选择图1中要对齐的对象，按Enter键确认，命令行提示"指定第一个源点："，利用合适的定点方式指定第一个源点O。命令行提示"指定第一个目标点："，指定第一个目标点Q。当命令提示"指定第二个源点："时，按Enter键。

2）用两对点对齐两对象

如图2-3-12所示。

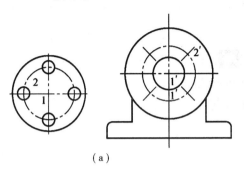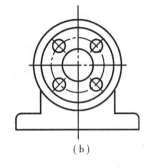

（a）   （b）

图2-3-12　两对点对齐示例

（a）对齐前；（b）对齐后

选择图2-3-12（a）中的对象，指定第一个源点1，指定第一个目标点1′，指定第二个源点2，指定第二个目标点2′，命令行提示"指定第三个源点＜继续＞："，按Enter键。

命令行提示"是否基于对齐点缩放对象？［是(Y)/否(N)］＜否＞："，按Enter键，或输入"Y"，以第一个目标点和第二个目标点之间的距离作为缩放对象的参考长度，对选定的对象进行缩放。

六、编辑对象的特性

1. 功能

"编辑对象的特性"命令可以编辑修改对象的图层、颜色、线型形状大小及尺寸特性等特性。

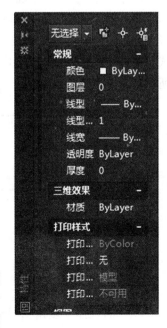

2. 执行命令的方法

◎［特性］面板：单击［特性］按钮▣。

◎命令行：输入"PROPERTIES"，按Enter键。

◎菜单栏：单击"修改"→"特性"。

3. 操作步骤

选择"修改"→"特性"菜单，打开"特性"面板，如图2-3-13所示。在该面板中，选中要修改的对象特性，在其后面的文本框中直接输入改变后的值即可。对于颜色、线型、图层等特性，选择后会出现相应的下拉列表框，从其下拉列表中

图2-3-13　特性菜单

可以设置其属性。

七、矩形

1. 功能

矩形命令不仅可以画矩形，还可以绘制四角是倒角或圆角的矩形。

2. 执行命令的方法

◎"绘图"面板：单击"矩形"按钮 。
◎命令行：输入"RECTANG"，按 Enter 键。
◎命令行：输入简写"REC"，按 Enter 键。
◎菜单栏：单击"绘图"→"矩形"。

3. 操作步骤

输入命令后，系统提示："_rectang 指定第一个角点或 ［倒角（C）/标高（E）/圆角（F）/厚度（T）/宽度（W）］:"。

（1）两对角点画矩形。

①通过指定两个对角点即可绘制矩形。第二点可以用相对坐标方式准确输入，如图 2 – 3 – 14 所示。

②给定第一个角点后，系统提示："指定另一个角点或 ［面积（A）/尺寸（D）/旋转（R）］:"。可从快捷菜单中选择"面积"或"尺寸"或"旋转"方式，根据提示进行绘制，如图 2 – 3 – 15 所示。

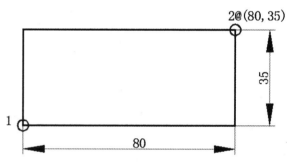

图 2 – 3 – 14　指定两对角点画矩形

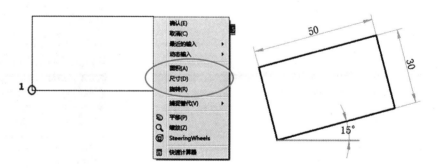

图 2 – 3 – 15　选择"旋转""尺寸"方式画矩形

（2）若选择"倒角"，可以绘制带有倒角的矩形，此时要指定倒角的大小。其中，提示："第一个倒角距离"和"第二个倒角距离"是指按顺时针方向确定还是按逆时针方向确定顺序，这与操作者绘制矩形时选择两个对角点的位置有关，如图 2 - 3 - 16 所示。

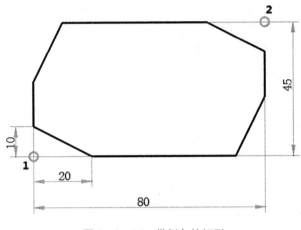

图 2 - 3 - 16 带倒角的矩形

（3）若选择"圆角"，可以绘制带有圆角的矩形，此时必须先指定圆角半径，如图 2 -
3 - 17 所示。

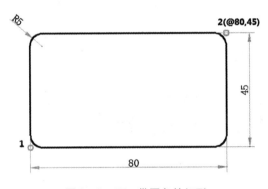

图 2 - 3 - 17 带圆角的矩形

（4）若选择"标高""厚度""宽度"，可以在"三维视图"中创建具有厚度和宽度的
矩形，并且可以指定矩形所在平面的高度。

【提示】在操作矩形命令时，所设选项内容将作为当前设置，下一次绘制矩形
仍按上次设置的样式绘制，直至重新设置。因此，在输入该命令时，一定要观察提示行
的内容，确认当前矩形模式是否正确，如果不是所需要的模式，则应重新进行设置。

任务实施

1. 设置绘图环境

（1）设置图形单位和图形界限。选择"格式"→"单位"菜单，打开"图形单位"对话
框。在"长度"选项区，设置"类型"为"小数"，"单位"为"0.00"。在"角度"选项

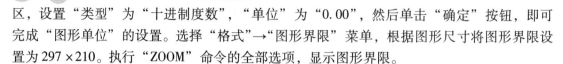

区，设置"类型"为"十进制度数"，"单位"为"0.00"，然后单击"确定"按钮，即可完成"图形单位"的设置。选择"格式"→"图形界限"菜单，根据图形尺寸将图形界限设置为297×210。执行"ZOOM"命令的全部选项，显示图形界限。

（2）创建图层。打开图层特性管理器，创建图层。

（3）设置对象捕捉，单击状态栏中的"按指定角度限制光标"右侧按钮▼，在弹出的快捷菜单中选择"正在追踪设置"命令，打开"草图设置"对话框，在"对象捕捉"选项卡中勾选"启用对象捕捉"复选框，设置"对象捕捉模式"为"端点""中心""圆心""象限点"和"交点"，并设置极轴角增量为15°，确定追踪方向，然后单击"确定"按钮。

（4）单击状态栏中的按钮，打开"极轴追踪""对象捕捉""对象捕捉追踪"和"显示线宽"。

2. 进行形体分析

通过形体分析，将组合体分解成底板、铅垂圆柱、U形凸台，注意各部分相对位置。

3. 绘制底板俯视图

（1）绘制底板 ϕ70 mm 的圆。

（2）利用自动捕捉追踪功能绘制上下两条水平轮廓线及中心线。

（3）以两条水平轮廓线为边界修剪 ϕ70 mm 圆中多余的圆弧，如图 2-3-18（a）所示。

（4）捕捉上述中心线交点，水平向左追踪27 mm，得到圆心，绘制 ϕ9 mm 小圆。

（5）用对象捕捉追踪功能绘制 ϕ9 mm 小圆及其垂直中心线，如图 2-3-18（b）所示。

（6）复制 ϕ9 mm 小圆及其垂直中心线，如图 2-3-18（c）所示。

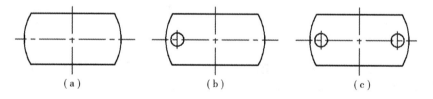

（a）　　　　　　　（b）　　　　　　　（c）

图 2-3-18　绘制底板俯视图

（a）绘制外形轮廓及中心线；（b）绘制小圆及中心线；（c）复制小圆及中心线

4. 绘制底板主视图

（1）绘制底板外形轮廓线，操作步骤如下。

选择"绘图"→"直线"命令。

命令行提示："_line 指定第一点："，移动光标至点 A，出现端点标记及提示，向上移动光标至合适位置，单击，如图 2-3-19（a）所示。

命令行提示："指定下一点或［放弃（U）］："，向右移动光标，水平追踪，输入"70"，按 Enter 键。

命令行提示："指定下一点或［放弃（U）］："，向上移动光标，垂直追踪，输入"8"，按 Enter 键。

命令行提示："指定下一点或［闭合(C)/放弃(U)］:"，向左移动光标，水平追踪，输入"70"，按 Enter 键。

命令行提示："指定下一点或［闭合(C)/放弃(U)］:"，输入"C"，按 Enter 键。

（2）利用对象捕捉追踪功能绘制主视图上两条垂直截交线，如图 2-3-19（b）所示。

（3）绘制底板主视图上左侧 $\phi9$ mm 小圆的中心线和转向轮廓线，再分别将其改到相应的点画线和虚线图层上并复制；绘制对称中心线。如图 2-3-19（c）所示。

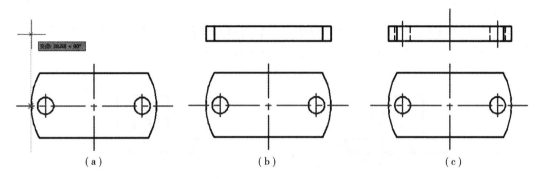

图 2-3-19 绘制底板主视图

（a）对象捕捉追踪定点；（b）绘制截交线；（c）完成底板

5. 绘制铅垂圆柱及孔的俯视图

在俯视图上捕捉中心线交点作为圆心，绘制铅垂圆柱及孔的俯视图 $\phi30$ mm、$\phi18$ mm 的圆，如图 2-3-20（a）所示。

6. 绘制主视图上铅垂圆柱及孔的轮廓线

（1）绘制铅垂圆柱主视图的轮廓线。

（2）用同样的方法绘制 $\phi18$ mm 孔的主视图的轮廓线，并改为虚线层，如图 2-3-20（b）所示。

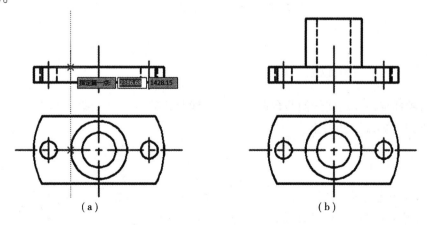

图 2-3-20 绘制铅垂圆柱及孔的主视图

（a）对象捕捉追踪定点；（b）绘制圆柱及孔轮廓线

7. 绘制 U 形凸台及孔的主视图

（1）捕捉追踪主视图底边中点，如图 2 - 3 - 21（a）所示。垂直向上追踪 16 mm，得到圆心，绘制 ϕ20 mm 的圆，再绘制 ϕ10 mm 的同心圆。

（2）绘制 ϕ20 mm 圆的两条垂直切线，如图 2 - 3 - 21（b）所示。

（3）以上述两条切线为剪切边界，修剪 ϕ20 mm 圆的下半部分。

（4）绘制 ϕ20 mm 圆的水平中心线，并将其改到"点画线"图层上，如图 2 - 3 - 21（c）所示。

（5）将底板主视图上边在 C 点处打断，然后将底板上边在 D 点处打断，将 CD 线改到"虚线"图层上，完成主视图的绘制，如图 2 - 3 - 21（d）所示。

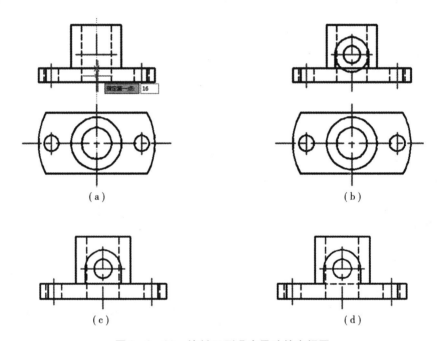

（a） （b）

（c） （d）

图 2 - 3 - 21 绘制 U 形凸台及孔的主视图
（a）确定凸台圆心；（b）绘制凸台轮廓线；（c）修剪多余线；（d）完成主视图

8. 绘制 U 形凸台及孔的俯视图

利用对象捕捉追踪功能绘制凸台俯视图轮廓线及孔的转向轮廓线，并将 ϕ10 mm 孔的转向轮廓线改到"虚线"图层上。

9. 绘制左视图

（1）复制和旋转俯视图至合适的位置，作为辅助图形，如图 2 - 3 - 22（a）所示。

（2）利用对象捕捉追踪功能确定左视图位置，如图 2 - 3 - 22（b）所示，绘制底板和圆柱左视图。

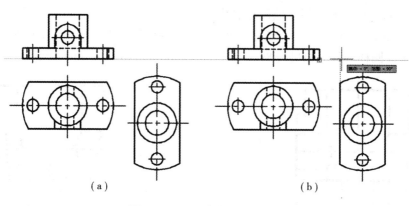

图 2 – 3 – 22　确定左视图位置

（a）补齐俯视图并复制旋转俯视图；（b）确定底板左视图位置

（3）绘制 U 形凸台左视图。利用夹点拉伸功能将 E 点垂直向上拉伸至与主视图 U 形凸台上的象限点高平齐位置，如图 2 – 3 – 23（a）所示。再将圆柱转向线缩短，如图 2 – 3 – 23（b）所示。利用"对象捕捉追踪"绘制孔轴线、凸台半圆柱及孔的转向轮廓线，并修剪多余图线，如图 2 – 3 – 23（c）所示。

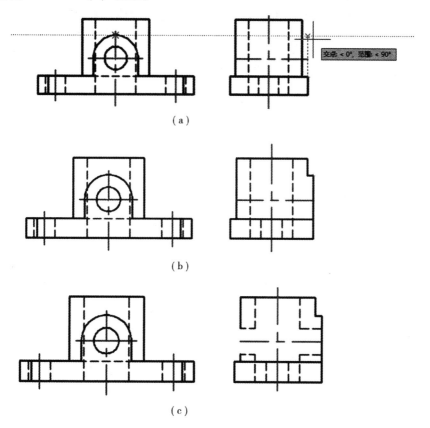

图 2 – 3 – 23　利用夹点编辑功能拉伸直线

（a）对象捕捉追踪定点；（b）夹点编辑拉伸直线；（c）U 形凸台左视图

（4）绘制截交线与相贯线。绘制相贯线 12 及其内孔相贯线 34、56，并将相贯线 34、56 改为虚线层，如图 2-3-24（a）所示。利用"对象捕捉追踪"绘制截交线 78，绘制 U 形凸台与 φ30 mm 圆柱的外形相贯线 89，完成图形，如图 2-3-24（b）所示。

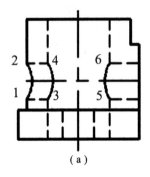
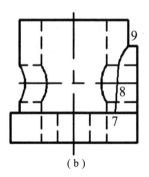

（a）   （b）

图 2-3-24 绘制左视图的相贯线及截交线

（a）绘制相贯线；（b）绘制截交线和相贯线

10. 后续操作

删除复制旋转后的辅助图形，保存图形，命名为"组合体三视图"。

项目三
绘制剖视图和标准件图

通过本项目的学习，掌握绘制剖视图和标准件的方法，熟悉"样条曲线""多段线""修订云线""打断""正多边形""镜像""倒角""圆角"和"延伸"命令的使用。

任务一 绘制组合体剖视图

知识目标

1. 掌握"样条曲线"命令及其编辑。
2. 掌握"多段线"命令及其编辑。
3. 掌握"修订云线"和"打断"命令。

能力目标

掌握绘制剖视图的方法。

任务描述

绘制图 3-1-1 所示的剖视图，利用绘图辅助功能（如对象捕捉、对象追踪等）、"样条曲线"、"多段线"及其编辑命令，按照三视图的投影规律绘制，并填充图案，最后要利用"删除""修剪"命令整理图形，无须标注尺寸。

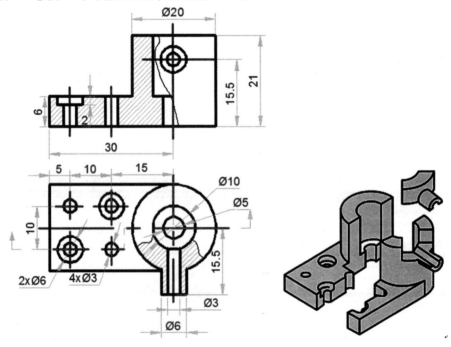

图 3-1-1 绘制剖视图样例

相关知识

一、样条曲线及其编辑

1. 功能

利用样条曲线命令，可以通过一系列给定的点生成光滑的曲线，这种曲线称为样条曲线。在机械图样的绘制过程中，可以通过样条曲线命令绘制局部剖视图中的波浪线及形体断开处的断开线。绘制样条曲线的方式有两种："样条曲线拟合"与"样条曲线控制点"。与样条拟合曲线相比，样条控制点曲线具有更高的精度，占用的内存和磁盘空间也更多。

2. 执行命令的方法

◎"绘图"面板：单击"样条曲线拟合"按钮 或"样条曲线控制点"按钮 。
◎命令行：输入"SPLINE"，按 Enter 键。
◎菜单栏：单击"绘图"→"样条曲线"。

3. 操作步骤

1)"样条曲线拟合"方式绘制曲线
输入命令后，命令行提示："指定第一个点或 ［方式(M)节点(K)对象(O)］："。
按提示指定第 1 点后，命令行提示："输入下一点或 ［起点切向(T)公差(L)］："。
指定第 2 点后，命令行提示："输入下一点或 ［端点相切(T)/公差(L)放弃(U)］："。
指定第 3 点后，命令行提示："输入下一点或 ［端点相切(T)/公差(L)放弃(U)闭合(C)］："。
依次指定各点后按空格键，命令自动结束，结果如图 3 - 1 - 2 所示。

拟合点

图 3 - 1 - 2 用拟合方式绘制样条曲线

2)"样条曲线控制点"方式绘制曲线
输入命令后，命令行提示："指定第一个点或 ［方式(M)节点(K)对象(O)］："。
按提示指定第 1 点后，命令行提示："输入下一点："。
指定第 2 点后，命令行提示："输入下一点或 ［放弃(U)］："。
指定第 3 点后，命令行提示："输入下一点或 ［放弃(U)闭合(C)］："。
依次指定各点后按空格键，命令自动结束，结果如图 3 - 1 - 3 所示。

控制点

图 3 - 1 - 3　用控制点方式绘制样条曲线

4. 样条曲线在二维绘图中的应用

样条曲线在二维绘图中常用来绘制波浪线，如图 3 - 1 - 4 所示。

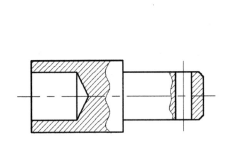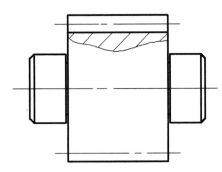

图 3 - 1 - 4　样条曲线的应用

【提示】波浪线应在细实线层绘制。

二、多段线及其编辑

1. 功能

多段线也称复合线，可以由直线、圆弧组合而成。执行同一次"多段线"命令绘制的各线段是一个实体。运用多段线绘制的封闭轮廓线可以直接拉伸为三维实体。

2. 执行命令的方法

◎"绘图"面板：单击"多段线"按钮 ⊃ 。
◎命令行：输入"PLINE"，按 Enter 键。
◎菜单栏：单击"修改"→"对象"→"多段线"。

3. 操作步骤

输入命令后，命令行提示："指定起点："。

指定起点后，命令行提示："当前线宽为 0.0000"，指定下一个点或 ［圆弧（A）/半宽（H）/长度（L）/放弃（U）/宽度（W）］："。

各选项的意义如下：

①指定下一个点：系统默认为直线方式。可以指定下一个点画直线段。

②圆弧（A）：使"多段线"命令转入画圆弧方式。

③半宽（H）：按线宽的一半指定当前线宽。

④长度（L）：可输入一个长度值，按指定长度延长上一条直线段。

⑤放弃（U）：用于取消前面刚绘制的一段多段线。

⑥宽度（W）：用于设定多段线的宽度，默认值为"0"。多段线初始宽度和终止宽度可以分段设置不同的值。

使用多段线时，可以依次绘制每条线段、设置各线段的宽度，使线段的始末端点具有不同的线宽或者封闭。在多段线中，圆弧的起点是前一个线段的端点。可以通过指定圆弧的角度、圆心、方向或半径来创建。

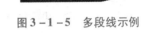

4. 举例

绘制如图 3 - 1 - 5 所示多段线。

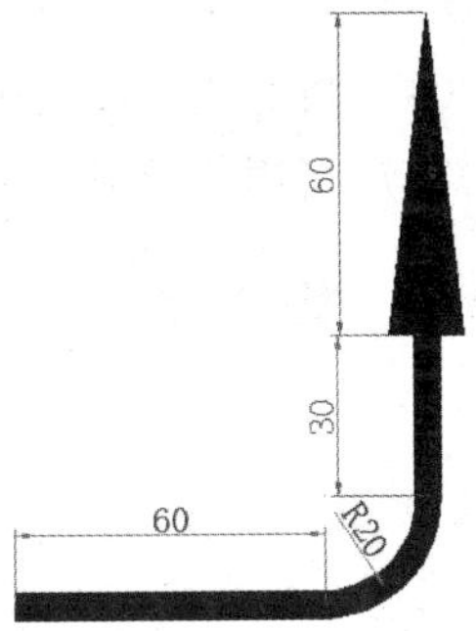

输入多段线命令。

命令行提示："指定起点"，单击绘图区确定起点。

命令行提示："指定下一个点或〔圆弧（A）/半宽（H）/长度（L）/放弃（U）/宽度（W）〕："，输入"W"，按 Enter 键。

图 3 - 1 - 5　多段线示例

命令行提示："指定起点宽度 < 0. 0000 > :"，输入"5"，按 Enter 键。

命令行提示："指定端点宽度 < 5. 0000 > :"，输入"5"，按 Enter 键。

命令行提示："指定下一个点或〔圆弧（A）/半宽（H）/长度（L）/放弃（U）/宽度（W）〕："，光标右移，输入"60"，按 Enter 键。

命令行提示："指定下一点或〔圆弧（A）/闭合（C）/半宽（H）/长度（L）/放弃（U）/宽度（W）〕："，输入"A"，按 Enter 键。

命令行提示："指定圆弧的端点或〔角度（A）/圆心（CE）/闭合（CL）/方向（D）/半宽（H）/直线（L）/半径（R）/第二个点（S）/放弃（U）/宽度（W）〕："，输入"R"，按 Enter 键。

命令行提示："指定圆弧的半径:"，光标上移，输入"20"，按 Enter 键。

命令行提示："指定圆弧的端点或〔角度（A）〕:"，输入"A"，按 Enter 键。

命令行提示："指定包含角:"，输入"90"，按 Enter 键。

命令行提示："指定圆弧的弦方向 < 0 > :"，输入"45"，按 Enter 键。

命令行提示："指定圆弧的端点或〔角度（A）/圆心（CE）/闭合（CL）/方向（D）/半宽（H）/直线（L）/半径（R）/第二个点（S）/放弃（U）/宽度（W）〕："，输入"L"，按 Enter 键。

命令行提示："指定下一点或〔圆弧（A）/闭合（C）/半宽（H）/长度（L）/放弃（U）/宽度（W）〕："，光标上移，输入"30"，按 Enter 键。

命令行提示："指定下一点或〔圆弧（A）/闭合（C）/半宽（H）/长度（L）/放弃（U）/宽度（W）〕："，输入"W"，按 Enter 键。

命令行提示："指定起点宽度 < 10. 0000 > :"，输入"15"，按 Enter 键。

命令行提示："指定端点宽度 < 15. 0000 > :"，输入"0"，按 Enter 键。

命令行提示："指定下一个点或 ［圆弧（A）/闭合（C）/半宽（H）/长度（L）/放弃（U）/宽度（W）］:"，光标上移，输入"60"，按 Enter 键。

5. 多段线的编辑

对于已经绘制的多段线，若要对其进行修改，可从菜单栏中选择"修改"→"对象"→"多段线"命令，根据提示进行编辑。多段线编辑主要有以下功能。

（1）移动、增加或删除多段线的顶点。

（2）可以为整个多段线设定统一的宽度值或分别控制各段的宽度。

（3）用样条曲线或双圆弧曲线拟合多段线。

（4）将开式多段线闭合或使闭合多段线变为开式。

（5）将用"LINE"命令绘制的多线段合并为多段线。

三、修订云线

1. 功能

修订云线是由连续圆弧组成的多线段，主要用于在检查阶段提醒用户注意图形的某个部分，在检查或用红线圈阅图形时，可以使用修订云线功能亮显标记，以提高工作效率。

2. 执行命令的方法

◎"绘图"面板：单击"矩形修订云线"按钮 或"多边形修订云线"按钮 或"徒手画修订云线"按钮 。

◎命令行：输入"REVCLOUD"，按 Enter 键。

◎菜单栏：单击"绘图"→"修订云线"。

3. 操作步骤

1）矩形修订云线

输入命令后，命令行提示："指定第一个角点或 ［弧长（A）对象（O）矩形（R）多边形（P）徒手画（F）样式（S）修改（M）］<对象>:"，指定起点，单击"确定"按钮。

命令行提示："指定对角点:"，指定对角点，修订云线完成，如图 3-1-6 所示。

图 3-1-6　矩形修订云线示例

云线弧长的调整，可在指定第一点时，按 A 键进行弧长调整。

2）多边形修订云线

输入命令后，命令行提示："指定第一个角点或［弧长(A)对象(O)矩形(R)多边形(P)徒手画(F)样式(S)修改(M)]＜对象＞:"，指定起点，单击"确定"按钮。

命令行提示："指定下一点:"，确定点。

命令行提示："指定下一点或［放弃(U)]:"，单击确定点。

根据提示绘制完成其他点。完成最后一点后，按Enter键，修订云线完成。如图3-1-7所示。

3）徒手画修订云线

输入命令后，命令行第一行提示："最小弧长：5最大弧长：10.7005 样式：普通类型：徒手画"，这是默认的弧长与样式。命令行第二行提示："指定第一个角点或［弧长(A)对象(O)矩形(R)多边形(P)徒手画(F)样式(S)修改(M)]＜对象＞:"，指定起点，单击"确定"按钮。

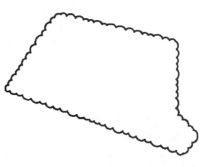

图3-1-7 多边形修订云线示例

命令行提示："沿云线路径引导十字光标…"，指定云线路径，直至右击或按Enter键，结束路径的选择。

命令行提示："反转方向［是(Y)/否(N)]＜否＞:"，按Enter键。系统默认反转方向为否，修订云线完成，如图3-1-8所示。

四、打断

1. 功能

图3-1-8 徒手画修订云线示例

打断命令用于删除对象上不需要的某一部分。它可以直接给出两断开点打断对象，也可以先选择要打断的对象，再给出两断开点打断对象，后者常用于第一个打断点定位不准确、需要重新指定的情况。

2. 执行命令的方法

◎"修改"面板：单击"打断"按钮🖳。
◎命令行：输入"BREAK"，按Enter键。
◎命令行：输入简写"BR"，按Enter键。
◎菜单栏：单击"修改"→"打断"。

3. 操作步骤

（1）直接给出两断点。
①输入命令，选择对象，拾取位置即为打断点1。
②给出打断点2，即可删除1、2点之间的部分，如图3-1-9所示。
（2）先选对象，再给出两打断点（选择对象时，同时给出打断点1，若点1位置不准确，则采用此方式）。

图 3-1-9 打断示例

①输入命令，选择对象。

②右击，选择"第一点"选项。

③依次指定第一个、第二个打断点，即可删除两点之间的部分。

【提示】①在提示"指定第二个打断点："时，若在对象一端的外面点取一点，则把点 1 与此点之间的那段对象删除。

②在打断圆上的一段圆弧时，删除的部分是按逆时针方向打断的。

③若将一个对象分为两个对象，可以选择"打断于点"命令 ，按提示操作，即可将一个对象分成两部分。但该命令不能将圆和椭圆分为两个对象。

五、图案填充与编辑

1. 功能

图案填充命令可用于对封闭图形填充图案，以区分图形的不同部分，以及标明剖面图中的不同材质。

2. 执行命令的方法

◎"绘图"面板：单击"图案填充"按钮 。

◎命令行：输入"BHATCH"，按 Enter 键。

◎菜单栏：单击"绘图"→"图案填充"。

3. 操作步骤

当进行填充时，只要选择一种填充图案及填充范围，单击"确定"按钮即可。输入命令后，激活"图案填充创建"面板，如图 3-1-10 所示。

图 3-1-10　"图案填充创建"面板

1）填充边界的选择

填充边界的选择有"拾取点"和"选择"两种方式。

①"拾取点"方式。

"拾取点"方式是根据围绕指定点构成封闭区域的现有对象来确定边界的。单击"边界"中的"拾取点",在所要绘制剖面线的封闭区域内点取一点,如图 3 - 1 - 11(a)所示。系统将向四周搜索封闭的边界,搜索到的边界以蓝色显示并填充,单击"确定"按钮完成剖面线的绘制,如图 3 - 1 - 11(b)所示。

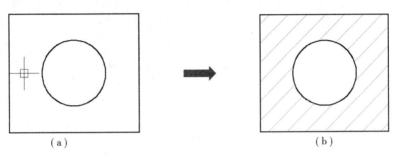

图 3 - 1 - 11 用"拾取点"方式绘制剖面线示例

(a)选中边界内一点;(b)填充后效果示例

②"选择"方式。

"选择"方式是根据构成封闭区域的选定对象来确定边界的。单击"边界"中的"选择",用"点选方式"指定边界,如图 3 - 1 - 12(a)所示。选中的边界以蓝色显示并填充,单击"确定"按钮完成剖面线的绘制,如图 3 - 1 - 12(b)所示。

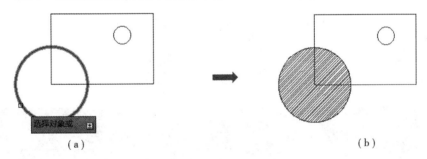

图 3 - 1 - 12 用"选择对象"方式绘制剖面线示例

(a)选中边界;(b)填充后效果示例

③"孤岛"类型的选择。

位于填充区域内的封闭区域称为孤岛。单击"选项"中的🖿,打开"图案填充和渐变色"对话框,单击右下角的⊙按钮,将展开"孤岛"选区,如图 3 - 1 - 13 所示。孤岛显示样式包括"普通""外部""忽略"三种。

"普通":从最外部边界向内填充,遇到内部边界时断开填充线,再遇到下一个内部边界时继续填充,填充图案相同。

"外部":只填充最外部区域。一般选择此种形式。

"忽略":忽略内部对象,全部填充。

2)选择填充图案

AutoCAD 提供了实体填充及 50 多种行业标准填充图案,可用于区分对象的部件或表示

图 3 – 1 – 13 展开"图案填充和渐变色"对话框

对象的材质。还提供了符合 ISO（国际标准化组织）标准的 14 种填充图案。当选择 ISO 图案时，可以指定笔宽，笔宽决定了图案中的线宽，如图 3 – 1 – 14 所示。

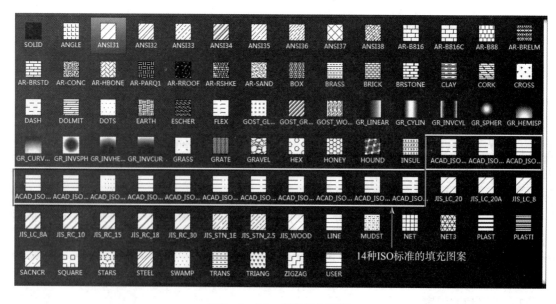

图 3 – 1 – 14 标准填充图案

3）关联

若选择"选项"中的"关联"，当边界改变时，剖面线随之变化，如图 3 – 1 – 15（a）所示。

取消"关联"后，当边界改变时，剖面线不变化，如图 3 – 1 – 15（b）所示。

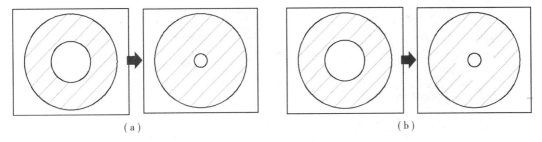

（a）　　　　　　　　　　　　　　　　（b）

图 3 – 1 – 15　画剖面线示例

（a）关联填充；（b）不关联填充

4）特性

特性面板用于设置图案的特性，如图案的类型、颜色、背景色、图层、透明度、角度、填充比例和笔宽等，如图 3 – 1 – 16 所示。

图 3 – 1 – 16　"特性"面板

①图案类型：图案填充的类型有 4 种，分别为实体、渐变色、图案和用户定义。

②图案填充颜色：为填充的图案选择颜色，单击列表的下三角按钮 ，展开颜色列表。如果需要更多的颜色选择，可以在颜色列表中选择"更多颜色"选项，打开"选择颜色"对话框，如图 3 – 1 – 17 所示。

③背景色：是指在填充区域内，除填充图案外的区域颜色设置。

④图案填充图层替代：从用户定义的图层中为定义的图案指定当前图层。如果用户没有定义图层，则此列表中仅仅显示 AutoCAD 默认的图层 0 和图层 Defpoints。

⑤相对于图纸空间：在图纸空间中，此选项被激活。此选项用于设置相对于在图纸空间中图案的比例。选择此选项，将自动更改比例。

⑥ISO 笔宽：基于选定笔宽 ISO 预定义图案。仅当用户指定了 ISO 图案时才可以使用此项。

⑦填充透明度：设定新图案填充或填充的透明度，替代当前对象的透明度。

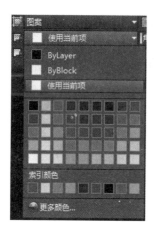
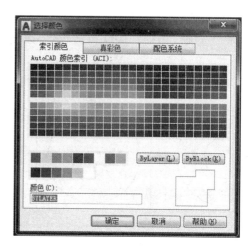

图 3 – 1 – 17 "选择颜色"对话框

⑧填充角度：指定填充图案的角度（相对当前 UCS 坐标系的 X 轴）。设置角度的图案，如图 3 – 1 – 18（a）所示。

⑨填充图案比例：放大或缩小预定义或自定义图案，如图 3 – 1 – 18（b）所示。

（a）　　　　　　　　　　　　　　　　　（b）

图 3 – 1 – 18　不同角度和比例时图案填充效果

（a）不同角度示例；（b）不同比例示例

六、渐变填充与编辑

1. 功能

渐变填充是在一种颜色的不同灰度之间或两种颜色之间使用过渡，提供光源反射到对象上的外观，可以用于增强演示图形。

2. 执行命令的方法

◎"绘图"面板：单击"图案填充"按钮。

◎命令行：输入"BHATCH"，按 Enter 键。

◎菜单栏：单击"绘图"→"图案填充"。

3. 操作步骤

输入命令后，激活"图案填充创建"面板，如图 3 – 1 – 19 所示。

渐变色填充的选项设置与图案填充的选项设置完全相同，这里不再重复叙述。

图 3 - 1 - 19　"图案填充创建"面板

任务实施

1. 准备实施

设置绘图环境，创建图层，设置对象捕捉。

2. 布图

打开"中心线"图层，利用直线命令绘制图中的主要中心线。应注意的是安排中心线的位置时要考虑给尺寸标注留出空间。

3. 画机件的主、俯视图

画出机件的主、俯视图，其中的波浪线用样条曲线命令绘制，如图 3 - 1 - 20 所示。

4. 画剖面线

（1）单击"绘图"面板的"图案填充"按钮，打开"图案填充创建"面板。

（2）在"图案填充创建"面板的"图案"里选择"ANSI31"；在特性中，设置"角度"为"0°"，"比例"为"2"，在"边界"选项区中，单击"拾取点"按钮，拾取要填充的区域，按 Enter 键。完成图案的填充，如图 3 - 1 - 21 所示。

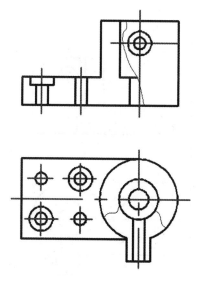

图 3 - 1 - 20　主、俯视图

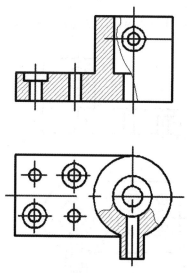

图 3 - 1 - 21　填充后的主、俯视图

5. 画剖切符号

俯视图中的剖切符号用多段线命令绘制。

先画右边的剖切符号↑。

选择"绘图"→"多段线"命令。

命令行提示："指定起点"，单击绘图区确定起点。

命令行提示："指定下一个点或［圆弧（A）/半宽（H）/长度（L）/放弃（U）/宽度（W）］:"，输入"W"，按 Enter 键。

命令行提示："指定起点宽度 <0.0000>:"，输入"0.2"，按 Enter 键。

命令行提示："指定端点宽度 <0.2000>:"，输入"0.2"，按 Enter 键。

命令行提示："指定下一个点或［圆弧（A）/半宽（H）/长度（L）/放弃（U）/宽度（W）］:"，光标右移，输入"1"，按 Enter 键。

命令行提示："指定下一点或［圆弧（A）/闭合（C）/半宽（H）/长度（L）/放弃（U）/宽度（W）］:"，光标上移，输入"1"，按 Enter 键。

命令行提示："指定下一点或［圆弧（A）/闭合（C）/半宽（H）/长度（L）/放弃（U）/宽度（W）］:"，输入"W"，按 Enter 键。

命令行提示："指定起点宽度 <0.2000>:"，输入"1"，按 Enter 键。

命令行提示："指定端点宽度 <1.0000>:"，输入"0"，按 Enter 键。

命令行提示："指定下一个点或［圆弧（A）/闭合（C）/半宽（H）/长度（L）/放弃（U）/宽度（W）］:"，光标上移，输入"1.2"，按 Enter 键。

按 Enter 键，结束命令。

再用同样的方法画出左边的剖切符号，用移动工具移动到合适的位置。

最后，用多线段画出剖切符号中间部分，如图 3－1－22 所示。

6. 修改剖切符号

利用打断命令修改剖切符号中间部分，如图 3－1－23 所示。

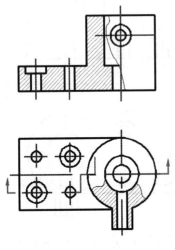

图 3－1－22　画剖切符号

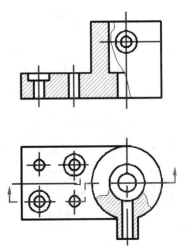

图 3－1－23　打断修改后的剖切符号

任务二　绘制滚动轴承 6206 及 M12 螺栓

 知识目标

1. 掌握"正多边形"命令。
2. 掌握"倒角"和"圆角"命令。
3. 掌握"镜像"和"延伸"命令。

 能力目标

绘制标准件滚动轴承 6206 及 M12 螺栓。

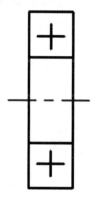

图 3 - 2 - 1　绘制滚动
轴承 6206 示例

任务描述

按通用画法绘制滚动轴承 6206，并按规定画法绘制 M12 螺栓，如图 3 - 2 - 1 和图 3 - 2 - 2 所示。绘制标准件时，标准件的尺寸依据有关标准查到。

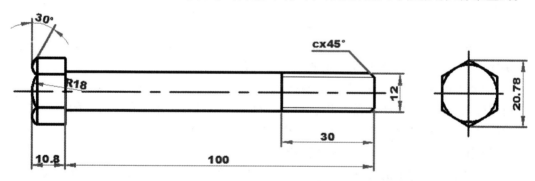

图 3 - 2 - 2　绘制 M12 螺栓示例

 **相关知识**

一、正多边形

1. 概述

正多边形是指由三条以上（包括三条）各边长相等的线段构成的封闭实体。利用正多边形命令，可以绘制边数范围为 3 ~ 1 024 的正多边形。

2. 执行命令的方法

◎"绘图"面板：单击"多边形"按钮。

◎命令行：输入"POLYGON"，按 Enter 键。

◎菜单栏：单击"绘图"→"多边形"。

3. 操作步骤

输入正多边形命令后，命令行提示："_polygon 输入侧面数 <4>:"。

输入侧面数后，命令行提示："指定正多边形的中心点或［边(E)］:"。

此时，是"指定正多边形的中心点"还是选择"边"，要根据已知条件而定。

下面以绘制图 3-2-3 所示正五边形为例分别介绍各选项的操作方法。

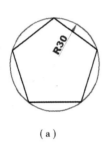 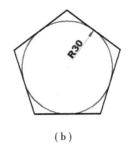 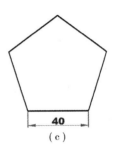

（a） （b） （c）

图 3-2-3 正五边形绘制示例

（a）内接于圆方式；（b）外切于圆方式；（c）边方式

1）绘制图 3-2-3（a）所示正五边形

由图可知，正五边形在半径为 30 的圆内，因此，可以直接指定正多边形的中心点，然后在快捷菜单中选择"内接于圆"选项，输入半径"30"即可。

2）绘制如图 3-2-3（b）所示正五边形

由图可知，正五边形在半径为 30 的圆外，因此，可以直接指定正多边形的中心点，然后在快捷菜单中选择"外切于圆"选项，输入半径"30"即可。

3）绘制如图 3-2-3（c）所示正五边形

由图可知，正五边形的边长为 40，因此，可以在快捷菜单中选择"边"的方式，然后在屏幕上指定边的第一个端点，用光标导向，再输入边长"40"即可。

> 【提示】①绘制正多边形时，若已知边长，可以选择"边"方式；若不知道边长，则直接输入正多边形的中心。若能确定正多边形的中心到每个顶点的距离，就选择"内接于圆"；若能确定正多边形的中心到各边中点的距离，就选择"外切于圆"。
>
> ②要绘制倾斜的正多边形，可以通过输入多边形顶点或多边形内切圆切点的相对极坐标来实现。极轴角设置为 45°和 60°时，分别绘制出倾斜 45°和 60°的正六边形，如图 3-2-4（b）所示。

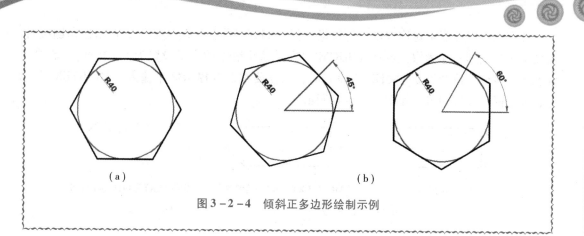

图 3 – 2 – 4 倾斜正多边形绘制示例

二、镜像

1. 功能

利用"镜像"命令，可以绘制完全对称的图形。以选定的镜像线为对称轴，生成与选定对象完全对称的镜像，原来的选定对象可以删除或保留。对于对称的图形，一般只画一半，然后用镜像命令复制另一半。

2. 执行命令的方法

◎"修改"面板：单击"镜像"按钮◢。
◎命令行：输入"MIRROR"，按 Enter 键。
◎菜单栏：单击"修改"→"镜像"。

3. 操作步骤

输入命令后，命令行提示："选择对象:"。
选择要镜像的对象后，右击结束对象选择，命令行提示："指定镜像线上的第一点:"。
给定镜像线上任意一点，命令行提示："指定镜像线上第二点:"。
再给出镜像线上任意一点，命令行提示变为："要删除源对象吗?［是（Y）/否（N）］＜N＞:"。
选择"否"选项后，系统保留原来的对象，同时以镜像的方式复制出另一对象，效果如图 3 – 2 – 5 所示。

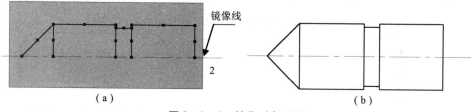

图 3 – 2 – 5 镜像对象示例

（a）已有图形；（b）镜像结果

文字也可以按照轴对称规则进行镜像，但它们有可能被反转或倒置。在制作印刷版时，需要文字与图形一起镜像，可将 MIRRTEXT 在默认系统中的变量设置为 1（打开）。在默认状态下，该变量设置为 0（关闭）。设置时，只需要在命令提示区中输入"MIRRTEXT"命令，根据提示设置即可，如图 3-2-6 所示。

镜像前的图形 　　　 MIRRTEXT为0时的镜像效果 　　 MIRRTEXT为1时的镜像效果

图 3-2-6　MIRRTEXT 变量对文字镜像的影响

三、圆角

1. 功能

"圆角"命令可用一条指定半径的圆弧光滑连接两条直线、两段圆弧或圆等对象，还可用该圆弧对封闭的二维多段线中的各线段交点倒圆角。

2. 执行命令的方法

◎"修改"工具栏：单击"圆角"按钮。
◎命令行：输入"FILLET"，按 Enter 键。
◎菜单栏：单击"修改"→"圆角"。

3. 操作步骤

输入命令后，命令行提示："当前设置：模式＝修剪，半径＝0.0000，选择第一个对象或［放弃（U）/多段线（P）/半径（R）/修剪（T）/多个（M）］："。

首先查看信息行中当前的"修剪"模式和当前的"半径"。默认为"修剪"模式。若要采用"不修剪"模式，应先选择"修剪（T）"选项进行设置。

默认的半径是上次设置的数据。如果不是需要的，则应选择"半径（R）"选项进行设置。

设置好"修剪"模式和"半径"后，按提示选择第一个对象、第二个对象即可完成圆角过渡。

有多处相同的圆角时，可以选择"多个（M）"选项，这样可不用重复输入命令而直接拾取下一圆角的两个对象。修剪与不修剪的圆角示例如图 3-2-7 所示。

如果要修剪的圆角对象是多段线、矩形、正多边形，在选择对象时，可先选择"多段线（P）"选项，然后选择对象，一次完成多个圆角，如图 3-2-8 所示。

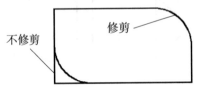

图 3-2-7　修剪与不修剪圆角示例

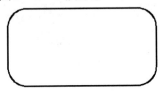

图 3-2-8　矩形倒圆角示例

四、倒角

1. 功能

"倒角"命令可按指定的距离或角度在一对相交直线上倒斜角，也可以对封闭的多段线（如多边形、矩形等）各直线交点处同时进行倒角。

2. 执行命令的方法

◎"修改"工具栏：单击"倒角"按钮。

◎命令行：输入"CHAMFER"，按 Enter 键。

◎菜单栏：单击"修改"→"倒角"。

3. 操作步骤

输入命令后，命令行提示："（'修剪'模式）当前倒角距离 1 = 0.0000，距离 2 = 0.0000 选择第一条直线或［放弃(U)/多段线(P)/距离(D)/角度(A)/修剪(T)/方式(E)/多个(M)］:"。

首先注意查看信息行中当前的修剪模式和当前的倒角距离。

默认为"修剪"模式。如果要采用"不修剪"模式，应先选择"修剪(T)"选项，然后再选择"不修剪"。

默认的倒角距离是上次设置的数据。如不是需要的，则应选择"距离(D)"或"角度(A)"选项进行设置。"距离"方式是用 X、Y 方向的倒角距离确定倒角的大小，"角度"方式是用第一条直线的倒角距离和倒角角度确定倒角的大小，如图 3-2-9 所示。

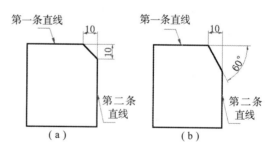

图 3-2-9　用距离和角度方式确定倒角的大小
（a）距离方式；（b）角度方式

设置好修剪模式和倒角距离后，按提示选择第一条、第二条直线即可完成倒角。

【提示】①有多处相同的倒角时，可以选择"多个(M)"选项，这样可以避免重复输入命令而直接拾取下一倒角的两条边。

②如果要进行倒角的对象是多段线、矩形、正多边形，在选择对象时，可以先选择"多段线(P)"选项，然后选择对象，将一次完成倒角，如图 3-2-10 所示。

③当选择的两个倒角距高都是 0 时，可将两对象进行"尖角"处理。

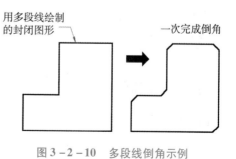

图 3-2-10　多段线倒角示例

五、延伸

1. 功能

利用"EXTEND"命令能够将选中的对象（直线、圆弧等）延伸到指定的边界。

2. 执行命令的方法

◎"修改"工具栏：单击"延伸"按钮█。
◎命令行：输入"EXTEND"，按 Enter 键。
◎菜单栏：单击"修改"→"延伸"。

3. 操作步骤

（1）输入命令后，命令行提示："选择对象或＜全部选择＞:"。
（2）选择对象作为边界后，右击确定，命令行提示："选择要延伸的对象，或按住 Shift 键选择要修剪的对象，或［栏选（F）/窗交（C）/投影（P）/边（E）/放弃（U）］:"。
选择要延伸的对象，即可将其延伸至边界。

> 【提示】若选择"边"选项，其中又分为"延伸"与"不延伸"两种方式。"不延伸"是指边界不能假想延伸。"延伸"是指边界能假想伸长。若按住 Shift 键选择对象，则可修剪对象。边界延伸与修剪示例如图 3-2-11 所示。

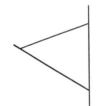

图 3-2-11　边界延伸与修剪示例

任务实施

1. 绘制滚动轴承 6206

（1）准备实施。
设置绘图环境，创建图层，设置对象捕捉。
（2）绘图。
对称图形先绘制一半（图 3-2-12），再利用"MIRROR"命令绘制另一半，步骤如下。

选择"修改"→"镜像"菜单,当命令行提示"选择对象:"时,指定对角点,将对象全选中,命令行提示:"找到6个对象"。

命令行提示:"选择对象:",按 Enter 键确认。

命令行提示:"指定镜像线的第一点:",单击指定镜像线的第一点。

命令行提示:"指定镜像线的第二点:",单击指定镜像线的第二点。

命令行提示:"要删除源对象吗?[是(Y)/否(N)] < N >:",输入 Y,按 Enter 键,镜像效果如图 3 – 2 – 13 所示。

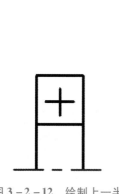

图 3 – 2 – 12 绘制上一半

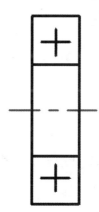

图 3 – 2 – 13 镜像后的图形

2. 绘制 M12 螺栓

(1)准备实施。

①查找 M12 螺栓的尺寸。如 $d = 12$ mm,$s = 18$ mm,$k = 10.8$ mm,$L = 100$ mm,$b = 30$ mm,$R = 1.5d = 18$ mm。

②设置绘图环境,创建图层,设置对象捕捉。

(2)绘制右视图。

根据 M12 螺栓的尺寸,首先绘制一个 $\phi 18$ mm 的圆,然后绘制六边形,步骤如下。

选择"绘图"→"正多边形"菜单,命令行提示:"命令:_polygon 输入侧面数 < 6 >:",输入"6",按 Enter 键。

命令行提示:"指定正多边形的中心点或[边(E)]:",单击指定圆心为多边形的中心点。

命令行提示:"输入选项[内接于圆(I)/外切于圆(C)] < C >:",输入"C",按 Enter 键。

命令行提示:"指定圆的半径:",输入9,按 Enter 键,效果如图 3 – 2 – 14 所示。

(3)利用"旋转"命令调整。

选择"修改"→"旋转"菜单,当命令行提示"UCS 当前的正角方向:ANGDIR = 顺时针 ANGBASE = 0 选择对象:"时,选择要旋转的对象。

命令行提示："选择对象:"，按 Enter 键结束选择对象。

命令行提示："指定基点:"，单击指定中心为旋转基点。

命令行提示："指定旋转角度，或［复制（C）/参照（R）］<0>:"，输入"−30"，按 Enter 键，如图 3−2−15 所示。

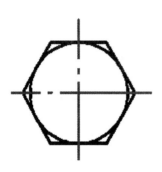
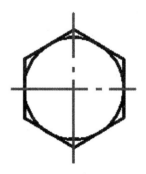

图 3−2−14　绘制正六边形　　　　　图 3−2−15　旋转正六边形

（4）绘制主视图并倒角。

按照查找的尺寸绘制主视图，如图 3−2−16 所示。

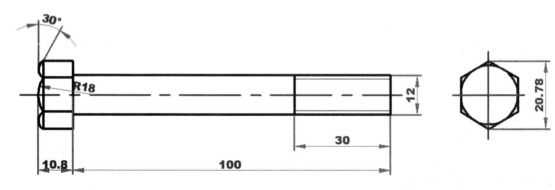

图 3−2−16　M12 螺栓的主视图

选择"绘图"→"倒角"菜单，命令行提示："（'修剪'模式）当前倒角距离 1 = 2.0000，距离 2 = 2.0000 选择第一条直线或［放弃（U）/多段线（P）/距离（D）/角度（A）/修剪（T）/方式（E）/多个（M）］:"，输入"D"，按 Enter 键。

命令行提示："指定第一个倒角距离 <2.0000>:"时，输入"1.2"，按 Enter 键。

命令行提示："指定第二个倒角距离 <1.2000>:"时，输入"1.2"，按 Enter 键。

命令行提示："选择第一条直线或［放弃（U）/多段线（P）/距离（D）/角度（A）/修剪（T）/方式（E）/多个（M）］:"，单击角的第一条边。

命令行提示："选择第二条直线，或按住 Shift 键选择要应用角点的直线:"，单击角的第二条边。

在绘图区右击，重复"CHAMFER"命令。当命令行提示"选择第一条直线或［放弃（U）/多段线（P）/距离（D）/角度（A）/修剪（T）/方式（E）/多个（M）］:"时，单击另一个角的第一条边。当命令行提示"选择第二条直线，或按住 Shift 键选择要应用角点的直线："时，单击另一个角的第二条边。效果如图 3 - 2 - 17 所示。

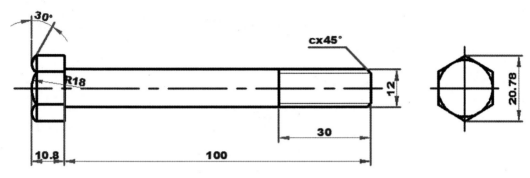

图 3 - 2 - 17　M12 螺栓的规定画法

项目四
图形标注

通过本项目的学习，掌握文字的编辑、块的创建和编辑、文字样式的修改、尺寸标注的创建和标注样式的修改相关知识；会文字标注、尺寸标注、粗糙度标注及创建写块并插入块。了解外部参照的相关知识；了解 AutoCAD 2018 设计中心。

任务一 文 字 标 注

 知识目标

1. 掌握创建和修改文字样式的方法。
2. 掌握单行文字和多行文字的书写方法。
3. 掌握编辑文字的方法。

能力目标

具备在 AutoCAD 图形文件中创建和修改文字的能力。

任务描述

创建文字样式，按照要求绘制一个 A4 的图纸边框和标题栏，并填写标题栏中的文字、书写技术要求，内容如有改变，可以通过编辑文字进行修改。要求如下：

图名："齿轮轴"，5 号字。

单位："××职业学院"，5 号字。

制图：(绘图者名字张三)，2.5 号字。

审核：(校核者名字王二)，2.5 号字。

比例：1:1，3.5 号字。

"技术要求"：5 号字，其余字高都为2.5。

如图 4 - 1 - 1 所示。

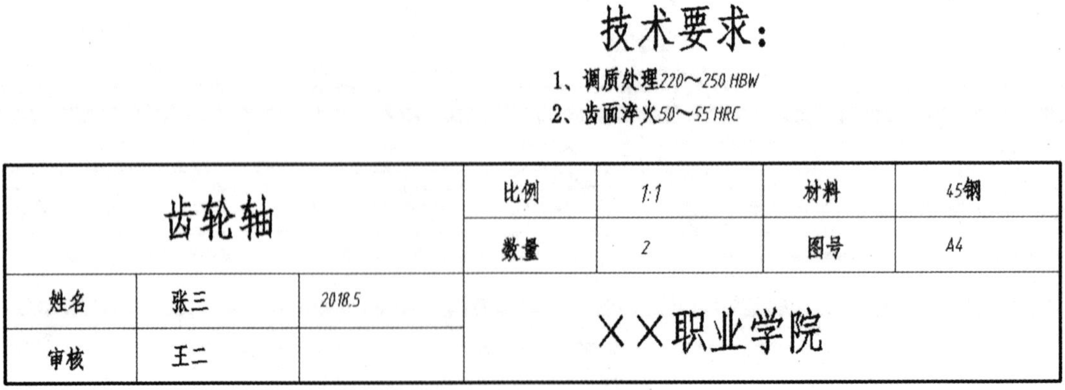

技术要求：

1、调质处理220～250 HBW
2、齿面淬火50～55 HRC

齿轮轴			比例	1:1	材料	45钢
			数量	2	图号	A4
姓名	张三	2018.5				
审核	王二		××职业学院			

图 4 - 1 - 1　填写文字、书写技术要求样图

相关知识

文字是工程图样中不可缺少的部分，为了正确地表达设计思想，除了用视图表达机件的形状、结构外，还要在图样中标注尺寸、书写技术要求、填写标题栏等。AutoCAD 2018 提供了很强的文字处理功能，除支持传统和扩展的字符格式外，还提供了符合国家标准的汉字和西文字体。

一、创建文字样式

1. 文字样式概述

文字样式包括文字的"字体名""字体样式""高度""宽度因子""倾斜角度""反向""颠倒"和"垂直"等参数。

2. 执行命令的方法

◎"注释"面板：单击"文字样式"按钮 。
◎命令行：输入"STYLE"，按 Enter 键。
◎菜单栏：单击"格式"→"文字样式"。

3. 操作步骤

单击"注释"面板中的"文字样式"按钮 ，打开"文字样式"对话框，如图 4 - 1 - 2 所示。

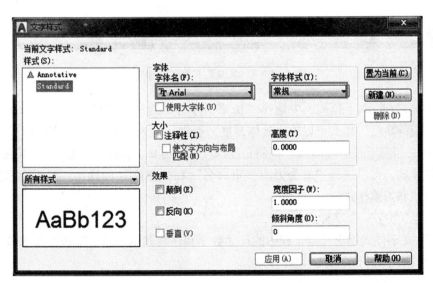

图 4 - 1 - 2 "文字样式"对话框

1）创建"汉字"样式
在"样式（S）"列表框中选中"Standard"后，单击"新建（N）…"按钮，打开"新

建文字样式"对话框,如图4-1-3所示。

图4-1-3 "新建文字样式"对话框

在"样式名"文本框中输入样式名"汉字",单击"确定"按钮,系统返回"文字样式"对话框,"样式(S)"下拉列表中添加了"汉字"样式,如图4-1-4所示。

图4-1-4 添加了"汉字"样式

在"字体名(F)"下拉列表中选择"仿宋"字体。对于文字的高度,如果所绘图形中的文字都是统一高度,那么可以输入具体高度,否则,输入"0"。将"宽度因子(W)"设为0.7~0.8(相当于长仿宋体)。"倾斜角度(O)"设为0。单击"应用(A)"按钮确认。

右击某样式,可以进行"置为当前""重命名"和"删除"的操作,但不能删除正在使用的文字样式和当前样式。

2)创建"数字"文字样式

"数字"文字样式用于控制工程图的尺寸数字和注写其他数字、字母。要求该文字样式所注尺寸中的数字符合国家技术制图标准。

其创建过程如下:

单击"文字样式"按钮,弹出"文字样式"对话框。

选中"汉字"样式后单击"新建(N)…"按钮,弹出"新建文字样式"对话框,输入"数字"样式名,单击"确定"按钮,返回"文字样式"对话框。在"字体名(F)"下拉列表中选择"gbeitc. shx"字体，在"高度(T)"编辑框中设置高度值为"0"，在"宽度因子(W)"编辑框中输入"1"，在"倾斜角度(O)"编辑框中输入"0"，其他使用默认值。单击"应用(A)"按钮，完成创建，如图 4 – 1 – 5 所示。

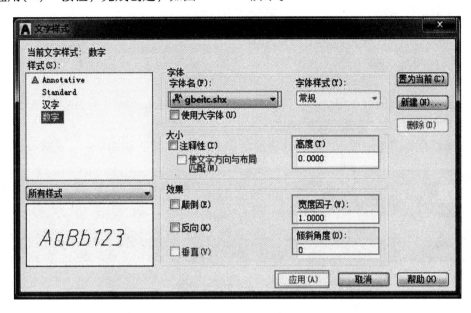

图 4 – 1 – 5　"文字样式"对话框

单击"关闭（C）"按钮，退出"文字样式"对话框，结束命令。

> 【提示】选择字体时，可以根据需要或要求进行选择。字体列表中的"gbeitc. shx"相当于国家标准斜体数字、字母样式；"gbenor. shx"相当于国家标准直体数字、字母样式。若采用这两种字体，应在"宽度因子（W）"编辑框中输入"1"；在"倾斜角度(O)"编辑框中输入"0"。有些企业采用 txt. shx 和 gbcbig shx。

二、文字的输入

1. 概述

AutoCAD 2018 有很强的文字处理功能，它提供了单行文字和多行文字两种注写文字的方式。本书只介绍常用的多行文字。

2. 执行命令的方法

◎"注释"面板：单击"文字"按钮🄰。
◎命令行：输入"MTEXT"，按 Enter 键。
◎菜单栏：单击"绘图"→"文字"→"多行文字"。

3. 操作步骤

操作步骤如下：

在文字样式工具栏中，将"汉字"样式置为当前。

在"注释"面板中单击"文字"按钮。

命令行提示："_mtext 当前文字样式：'汉字'文字高度：2.5 注释性：否指定第一角点："。

指定多行文字框的第一角点后，命令行提示："指定对角点或 [高度(H)/对正(J)/行距(L)/旋转(R)/样式(S)/宽度(W)/栏(C)]："。

指定矩形框第二角点后，AutoCAD 将激活"文本编辑器"，如图 4-1-6 所示。

图 4-1-6　文本编辑器

"文本编辑器"包括"样式""格式""段落""插入""拼写检查""工具""选项""关闭"面板。主要选项功能如下。

1)"样式"面板

"样式"面板用于设置当前多行文字样式、注释性和文字高度。面板中包含三个命令：选择文字样式、注释性、选择或输入文字高度，如图 4-1-7 所示。

文字样式：单击按钮█，在列表框中选用可用的文字样式。

注释性：单击"注释性"按钮，打开或关闭当前多行文字对象的注释性。

文字高度：在█中可以输入数字，用来设置文字高度。

2)"格式"面板

"格式"面板用于字体的大小、粗细、颜色、下划线、倾斜、宽度等格式设置，如图 4-1-8 所示。

图 4-1-7　"样式"面板

图 4-1-8　"格式"面板

"粗体""斜体""下划线""上划线""放弃""重做"命令与 MS Word 中的使用方法相同。

➤ "堆叠"按钮 $\mathbf{\frac{b}{a}}$

实现堆叠与非堆叠的切换。用于标注堆叠字符，如分数、尺寸公差与配合符号等。

例如，要标注 $\frac{1}{2}$，可先输入 1/2，然后选中 1/2，再单击 $\mathbf{\frac{b}{a}}$，即可生成 $\frac{1}{2}$。

要标注 $\phi30\frac{H7}{f6}$，可先输入 ϕ30H7/f6，然后选中 H7/f6，再单击 $\mathbf{\frac{b}{a}}$，即可生成 $\phi30\frac{H7}{f6}$。对有些字体，应先用 I 按钮将其变为斜体，再进行堆叠。

要标注 $\phi32^{+0.025}_{-0.050}$，可先输入 ϕ32 + 0.025^ − 0.050，然后选中 + 0.025^ − 0.050，再单击 $\mathbf{\frac{b}{a}}$，即可生成 $\phi32^{+0.025}_{-0.050}$。如果选中的文字为 b#a，堆叠后的效果为 b/a。

➤ 颜色下拉列表框 　ByLayer
设置或更改所标注文字的颜色。

➤ 倾斜角度 0：确定文字是向前倾斜还是向后倾斜。倾斜角度表示的是相对于90°角方向的偏移角度。输入一个 −85 ~ 85 之间的数值，使文字倾斜。倾斜角度的值为正时，文字向右倾斜；倾斜角度的值为负时，文字向左倾斜。

➤ 追踪 a b：增大或减小选定字符之间的空间。1.0 是常规间距，大于 1.0 可增大间距，小于 1.0 可减小间距。

➤ 宽度因子 ◐：扩展或收缩选定字符。1.0 是此字体中字母的常规宽度。

3）"段落"面板

"段落"面板用于设置段落的项目符号和编号、行距、对齐方式及合并段落，如图 4 – 1 – 9 所示。这些命令与 MS Word 中的使用方法相同。

4）"插入"面板

"插入"面板主要用于插入符号、列、字段的设置，如图 4 – 1 – 10 所示。

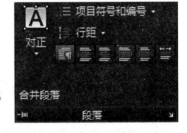

图 4 – 1 – 9　"段落"面板

【提示】①当输入文字时，常有一些特殊字符在键盘上找不到，AutoCAD 提供了一些特殊字符的注写方法。常用的有：

X：注写"x"符号。

%%C：注写"ϕ"直径符号。

%%D：注写"°"角度符号。

%%P：注写"±"上、下极限偏差符号。

%%O：打开或关闭文字上划线。

%%U：打开或关闭文字下划线。

②直径符号"φ"、乘号"x"也可以用软键盘输入。

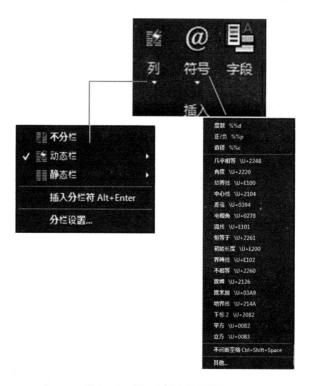

图 4 – 1 – 10 "插入"面板

三、文字的编辑

双击要修改的多行文字，激活"文字编辑器"，选择的文字将显示在编辑器内，在此可直接进行文字内容的编辑。

要编辑多行文字的样式、字体和字高，应先选中编辑器中的文字，然后通过"文字编辑器"面板进行编辑。

同时，修改多个同种类型文字串的比例。

操作方法如下：

①单击菜单栏中的"修改"→"对象"→"文字"→"比例（S）"命令。

②选择多个同种类型文字串后按 Enter 键，AutoCAD 提示："输入缩放的基点选项 ［现有(E)/左(L)/中心(C)/中间(M)/右(R)/左上(TL)/中上(TC)/右上(TR)/左中(ML)/正中(MC)/右中(MR)/左下(BL)/中下(BC)/右下(BR)］＜现有＞:"。

③按 Enter 键（默认以现有基点为基点）后，AutoCAD 提示："指定新模型高度或［图纸高度(P)/匹配对象(M)/比例因子(S)］＜2.5＞:"。

④输入新的文字高度值后按 Enter 键，即可将该多个文字串的高度同时更改为所需

高度。

　　【提示】①在编辑文字时，更快捷的方法是：直接在文字上双击，即可进入文字编辑框。

　　②先选择要编辑的文字（可以同时选择多组文字），然后从"标准"工具栏中单击"特性"按钮，弹出"特性"对话框。在"特性"对话框中也可以进行相关的编辑。

任务实施

1. 设置绘图环境

　　（1）设置图形单位和图形界限。选择"格式"→"单位"菜单，打开"图形单位"对话框。在"长度"选项区设置"类型"为"小数"，"单位"为"0.00"。在"角度"选项区，设置"类型"为"十进制度数"，"单位"为"0.00"，然后单击"确定"按钮，即可完成"图形单位"的设置。选择"格式"→"图形界限"菜单，根据图形尺寸将图形界限设置为 297×210。打开栅格，显示图形界限。

　　（2）创建图层。

　　（3）设置对象捕捉。

2. 绘制边框

　　（1）将"粗实线"图层设置为当前图层。

　　（2）单击"绘图"面板的"矩形"按钮。

　　命令行提示："指定第一个角点或［倒角（C）/标高（E）/圆角（F）/厚度（T）/宽度（W）］:"，输入"5，5"，按 Enter 键。

　　命令行提示："指定另一个角点或［面积（A）/尺寸（D）/旋转（R）］:"，输入"@160，32"，按 Enter 键。如图 4-1-11 所示。

图 4-1-11　绘制标题栏边框

　　（3）利用"EXPLODE"命令分解矩形。在命令行中输入"EXPLODE"，按 Enter 键，当命令行提示"选择对象:"时，用窗口方式选择所绘制的矩形，然后按 Enter 键。

3. 绘制标题栏

　　（1）利用"OFFSET"命令，将标题栏从最上边的一条边起，依次向下偏移 8 mm，画出栏内三条横线，结果如图 4 - 1 - 12 所示。

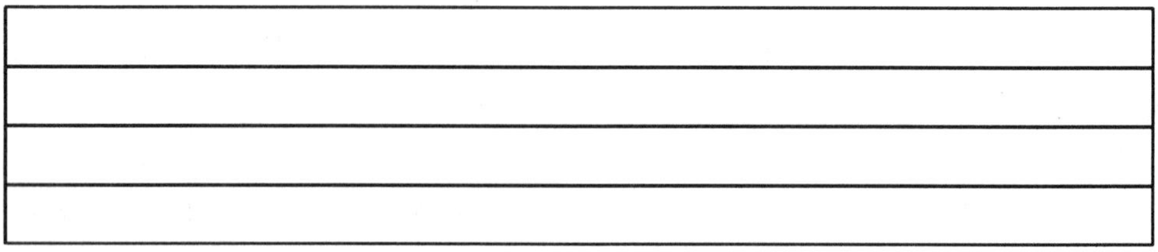

图 4 - 1 - 12　绘制标题栏栏内三条横线

（2）重新调用"OFFSET"命令，从标题栏最左边一条竖线起，依次向右边偏移 20 mm、25 mm、25 mm、20 mm、25 mm、20 mm、25 mm。结果如图 4 - 1 - 13 所示。

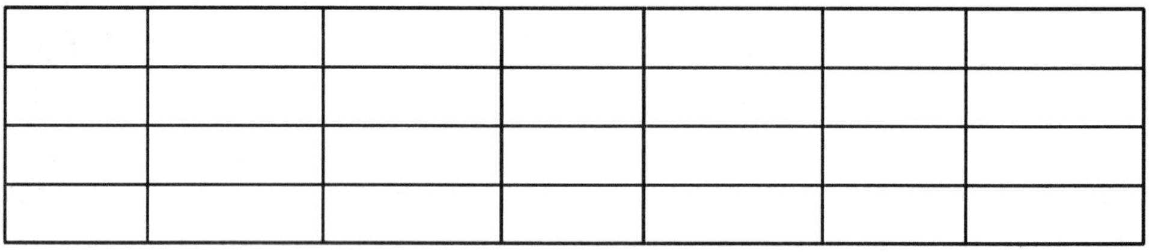

图 4 - 1 - 13　绘制标题栏竖线

（3）利用"TRIM"和"ERASE"命令，将多余的边框修剪掉。结果如图 4 - 1 - 14 所示。

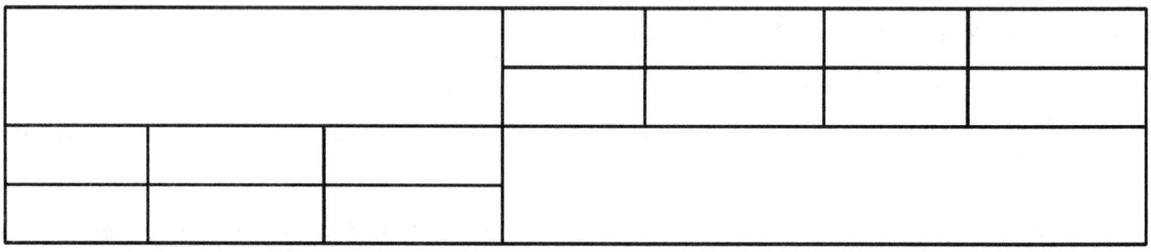

图 4 - 1 - 14　修剪标题栏多余线

（4）用窗交方式选中标题栏边框内的线条，将其转换到"细实线"图层。结果如图 4 - 1 - 15 所示。

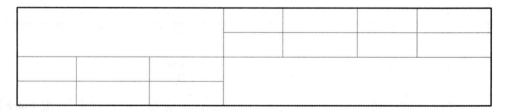

图 4 - 1 - 15　边框和标题栏

4. 创建文字样式

（1）单击"注释"面板的"文字样式"按钮，打开"文字样式"对话框。

（2）单击"新建"按钮，打开"新建文字样式"对话框。

（3）在"样式名"文本框中输入样式名"汉字"，单击"确定"按钮，返回"文字样式"对话框。

（4）在"字体"选项区中，将"字体"设置为"仿宋"，"样式"设置为"常规"，"高度"设置为"0"，"宽度因子"设置为"0.7"，"倾斜角度"设置为"0"。

（5）单击"应用"按钮，将文字样式置为当前。

（6）单击"关闭"按钮，保存样式设置。"字体"设置为"仿宋"，"样式"设置为"常规"，"高度"设置为"0"，"宽度因子"设置为"0.7"，"倾斜角度"设置为"0"。

（7）重复以上步骤，建立"数字"标注样式。在"字体名（F）"下拉列表中选择"gbeitc. shx"字体，在"高度（T）"编辑框中设置高度值为"0"，在"宽度因子（W）"编辑框中输入"1"，在"倾斜角度（O）"编辑框中输入"0"，其他使用默认值。单击"应用（A）"按钮，完成创建。

5. 填写标题栏中的文字

（1）在"文字样式控制"列表框中选择"汉字"样式。

（2）单击"注释"面板的"文字"按钮。

当前文字样式：Standard，文字高度：2.5，注释性：否。

指定第一个角点："指定对角点或［高度（H）/对正（J）/行距（L）/旋转（R）/样式（S）/宽度（W）/栏（C）］："。

指定文字框的另一角点。

当用户指定了矩形区域的另一点后，打开"文字编辑器"。

（3）在"文字编辑器"的文字编辑区输入"姓名"，单击"确定"按钮。

（4）选择"修改"面板中的"复制"按钮，复制"姓名"到其他填写汉字的栏内，再将"姓名"更改为其他文字。其中图名和单位的字号改为5。

（5）在"文字样式"列表框中选择"数字"样式。

（6）单击"注释"面板的"文字"按钮，打开"文字编辑器"。输入"2018.5"，单击"确定"按钮。复制"2018.5"到其他数字的栏内，其中比例栏内数字字号改为3.5，如图4-1-16所示。

齿轮轴			比例	1:1	材料	45钢
			数量	2	图号	A4
姓名	张三	2018.5	××职业学院			
审核	王二					

图4-1-16 标题栏

6. 书写技术要求

（1）单击"注释"面板的"文字"按钮，打开"文字编辑器"。

（2）在"多行文字"编辑器的文字编辑区输入"技术要求"，按 Enter 键；再输入"1、调质处理 220~250 HBW"，按 Enter 键；然后输入"2、齿面淬火 50~55 HRC"，最后单击"确定"按钮。

（3）编辑技术要求。双击需要编辑的多行文字，打开"文字编辑器"，将"技术要求"字高设置为 5，其余文字字高设置为 2.5，如图 4-1-17 所示。

技术要求：
1、调质处理220~250 HBW
2、齿面淬火50~55 HRC

齿轮轴			比例	1:1	材料	45钢
			数量	2	图号	A4
姓名	张三	2018.5	××职业学院			
审核	王二					

图 4-1-17　标题栏及技术要求

任务二　尺寸标注

知识目标

1. 掌握创建和修改标注样式的方法。
2. 掌握基本尺寸的标注方法。
3. 掌握尺寸标注的编辑方法。
4. 掌握形位公差和尺寸公差的标注方法。

能力目标

能够对图形进行尺寸标注并对尺寸标注进行修改。

任务描述

要标注阶梯轴的尺寸（表面粗糙度除外），首先创建尺寸标注样式，然后标注图形中轴的基本尺寸、极限尺寸和形位公差等，标注的内容要符合国家标准中机械制图的有关规定，如图 4-2-1 所示。另外，还要能够对标注进行修改。

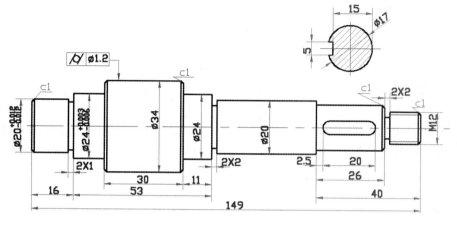

图 4 - 2 - 1　阶梯轴的标注图样

一、尺寸标注的规则与组成

尺寸标注包括标注尺寸和注释两个部分。AutoCAD 2018 中的尺寸按图形的测量值和标注样式进行标注。

1. 尺寸标注的规则

在 AutoCAD 2018 中，对绘制的图形进行尺寸标注时，应遵循以下规则。

（1）物体的真实大小应以图样上所标注的尺寸数值为依据，与图形的大小及绘图的比例无关。

（2）图样中的尺寸以毫米为单位时，不需要标注计量单位的代号或名称。如采用其他单位，则必须注明相应计量单位的代号或名称，如度、厘米及米等。

（3）图样中所标注的尺寸为该机件的最后完工尺寸，否则，应另加说明。

（4）一般机件的每一尺寸只标注一次，应标注在最后反映该结构最清晰的图形上。

2. 尺寸标注的组成

在机械制图或其他工程绘图中，一个完整的尺寸标注应由标注文字、尺寸线、尺寸界线和尺寸箭头组成，如图 4 - 2 - 2 所示。

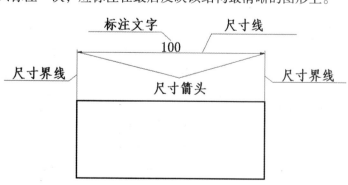

图 4 - 2 - 2　尺寸的组成

二、标注样式的设置

1. 功能

标注样式可以控制标注的格式和外观，建立强制执行的绘图标准，有利于对标注格式及用途进行修改。在 AutoCAD 2018 中，系统默认的"标注样式"为"ISO－25"，这种标注样式不能完全满足我国机械制图标准的规定。因此，在标注尺寸之前必须以"ISO－25"为基础样式，创建一组符合我国机械制图标准的尺寸标注样式。

下面创建一种名为"GB1"的标注样式。

2. 创建标注样式

1）打开"标注样式管理器"对话框

◎"注释"面板：单击"标注样式"按钮█。

◎菜单栏：单击"格式"→"标注样式…"。

打开"标注样式管理器"对话框，如图 4－2－3 所示。

图 4－2－3　"标注样式管理器"对话框

2）创建新标注样式名

在打开的"标注样式管理器"对话框中选中"ISO－25"，单击"新建(N)…"按钮，打开"创建新标注样式"对话框，如图 4－2－4 所示。

在"新样式名(N)"文本框中输入"GB1"，单击"继续"按钮，打开"新建标注样式：副本 ISO 25"对话框，如图 4－2－5 所示。

3）修改尺寸线、延伸线参数

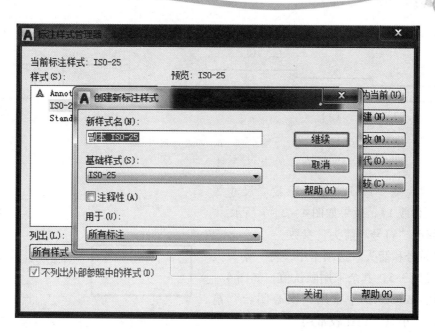

图 4-2-4　"创建新标注样式"对话框

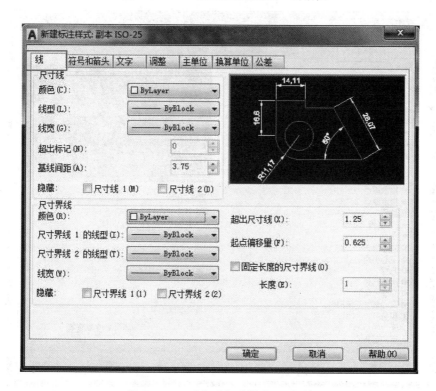

图 4-2-5　"新建标注样式"对话框

在"线"选项卡中，将尺寸线和延伸线"颜色"设成绿色，"基线间距（A）"改为 7，"超出尺寸线（X）".设为 2，"起点偏移量（F）"改为 0，其余为默认值，效果如图 4-2-6 所示。

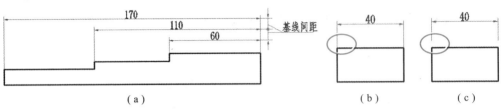

图 4－2－6　标注示例

（a）基线间距；（b）起点偏移量为"0"；（c）起点偏移量为"4"

　　若在"隐藏"选项中选择隐藏"尺寸线1"和"延伸线1"，效果如图4－2－7所示。

　　4）修改"符号和箭头"参数

　　在"符号和箭头"选项卡中，将"箭头大小（I）"设为3.5，其余采用默认值，如图4－2－8所示。AutoCAD中常用"实心闭合"箭头，另外，"小点"也比较常用。

尺寸线1关闭、尺寸线2打开
延伸线1关闭、延伸线2打开

图 4－2－7　标注示例

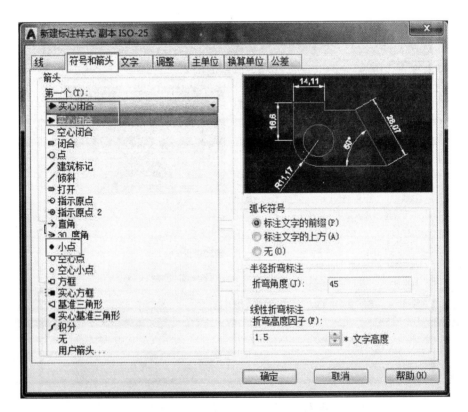

图 4－2－8　"符号和箭头"选项卡

　　5）修改"文字"选项卡

　　"文字"选项卡如图4－2－9所示。

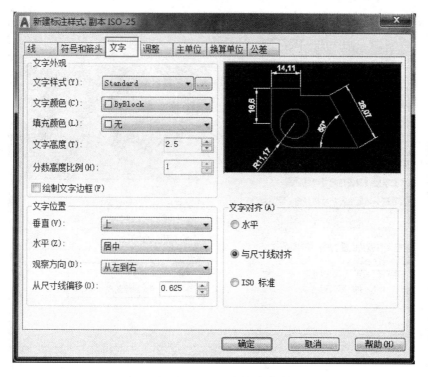

图 4 - 2 - 9 "文字"选项卡

①在"文字样式(Y)"中选择已有的文字样式（如"数字"）。也可以单击"浏览"按钮，打开"文字样式（Y）"对话框，创建新的文字样式。

②将"文字颜色(C)"设为红色。

③"文字高度(T)"一般设成"3"或"3.5"。

④"文字位置'垂直(V)'"一般选择"上"或"居中"，效果如图 4 - 2 - 10 所示。

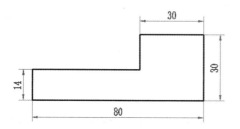
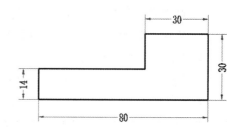

图 4 - 2 - 10 文字位置"垂直"选项示例

⑤"文字位置'水平(Z)'"一般选择"居中"。

⑥"从尺寸线偏移(O)"指尺寸数字与尺寸线之间的距离，一般设为 1。

⑦"文字对齐（A）"是指尺寸数字的字头方向是水平向上还是与尺寸线平行。一般选择"与尺寸线对齐"。对于角度标注等需要文字"水平"时，可再建一种新样式，或用"替代"的方式选择"水平"后进行标注。"替代"的操作后述。

6）设置"调整"选项卡

"调整"选项卡如图 4 - 2 - 11 所示。

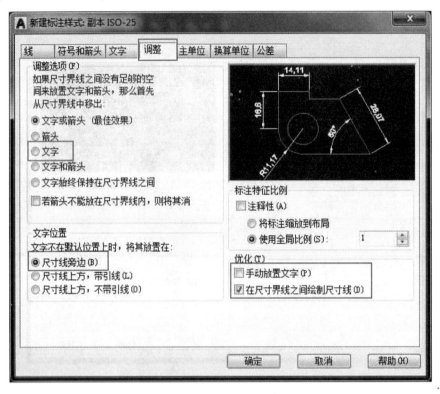

图 4 – 2 – 11 "调整"选项卡

①"调整选项"一般选择"文字"。即把尺寸数字移出，而箭头放在尺寸界线内。如果要把尺寸箭头放在尺寸界线外，则应选择"箭头"。

②"文字位置"一般选择"尺寸线旁边(B)"。

③选中"优化(T)"区的两个选项。

7）修改"主单位"选项卡

"主单位"选项卡如图 4 – 2 – 12 所示。

①"单位格式(U)"：选择"小数"。

②"精度(P)"：设为小数点后保留两位。

③"小数分隔符(C)"：选择"句点"。

④"比例因子(E)"：采用 1:1 的比例绘图时，该比例因子(E) 设为"1"。若绘图比例为 1:2，即图形缩小至 1/2，比例因子应设为"2"，系统将把测量值扩大 2 倍，标注物体真实尺寸。

⑤"消零"区：选择"后续(N)"，将不显示小数后末位的"0"。

8）"换算单位"选项卡

"换算单位"选项卡不需要修改。

9）"公差"选项卡

"公差"选项卡也不需要修改。在标注尺寸公差时，一般通过右键快捷菜单中的"多行文字"直接输入。

图 4 – 2 – 12　"主单位"选项卡

单击"确定"按钮，返回"标注样式管理器"对话框，单击"关闭"按钮，完成"GB1"标注样式的创建。

3. 修改、替代标注样式的操作

1）修改标注样式

若要修改某一标注样式，可在"样式"列表中选择要修改的标注样式，然后单击"修改"按钮，弹出"修改标注样式"对话框。"修改标注样式"对话框与"新建标注样式"对话框的内容及操作方法完全相同。修改后单击"确定"按钮，返回"标注样式管理器"对话框，完成修改操作。

　【提示】修改标注样式后，所有按该样式标注的尺寸（包括已标注和将要标注的尺寸）均按新设置样式自动更新。

2）替代标注样式

当个别尺寸与已有的标注样式相近但又不完全相同时，若修改标注样式，则所有应用该样式标注的尺寸都将改变，而创建新样式又很烦琐，为此，AutoCAD 提供了尺寸标注样式的替代功能，即设置一个临时的标注样式来替代相近的标注样式。

操作方法：

①单击"标注样式"按钮，弹出"标注样式管理器"对话框。

②在"样式（S）"列表中选择相近的标注样式，单击"替代（O）…"按钮，弹出"替代当前样式"对话框。

③对需要调整的选项进行修改后，单击"确定"按钮，返回"标注样式管理器"对话框，AutoCAD 在所选样式名下面显示"< 样式替代 >"，并自动将其设为当前样式。

④单击"关闭"按钮，即可在"< 样式替代 >"方式下进行标注。此时，也可以选中已有的尺寸，然后单击"标注更新"按钮，将该尺寸更新为替代样式。

> 【提示】 如果要回到原来的样式下进行标注，则应在标注样式列表中单击一次其他样式，再把原样式置为当前。

三、基本标注

下面以尺寸标注样式"GB1"为例，介绍各种类型的尺寸标注方法。

首先将"标注"工具栏打开，置于绘图区上方，以便选择标注命令，然后选中"标注样式控制"列表中的"GB1"，再把"文字样式"中的"数字"置为当前，最后把尺寸线层置为当前层。

1. 标注

1）功能

"标注"的作用是在同一命令任务中创建多种类型的标注。将光标悬停在标注对象上时，自动预览要使用的合适标注类型。选择对象、线或点进行标注，然后单击绘图区域中的任意位置绘制标注。支持的标注类型包括垂直标注、水平标注、对齐标注、旋转的线性标注、角度标注、半径标注、直径标注、折弯半径标注、弧长标注、基线标注和连续标注。如果需要，可以使用命令行选项更改标注类型。

2）执行命令的方法

◎"注释"面板：单击"线性"按钮。

◎命令行：输入"DIM"，按 Enter 键。

3）命令的操作

输入命令后，命令行提示："DIM 选择对象或指定第一条尺寸界线原点或 ［角度（A）基线（B）连续（C）坐标（O）对齐（G）分发（D）图层（L）放弃（U）］:"。

选择对象后，自动为所选对象选择合适的标准类型，见表 4 - 2 - 1，并显示与该标注类型相对应的提示。根据提示完成标注操作。

表 4 - 2 - 1　对象与默认的标注类型

选定的对象类型	动作
圆弧	将标注类型默认为半径标注
圆	将标注类型默认为半径标注

续表

选定的对象类型	动作
直线	将标注类型默认为线性标注
标注	显示选项，以修改选定的标注
椭圆	默认为选择线所设置的选项

2. 线性标注

1）功能

用来标注水平或铅垂的线性尺寸。图 4－2－13 所示为用"线性标注"命令标注的尺寸，在标注尺寸时，应打开固定对象捕捉和极轴追踪，这样可以准确、快速地进行尺寸标注。

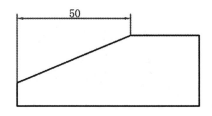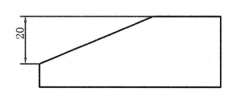

图 4－2－13　"线性标注"示例

2）执行命令的方法

◎"注释"面板：单击"线性"按钮。

◎命令行：输入"DIMLINEAR"，按 Enter 键。

◎菜单栏：单击"标注"→"线性"。

3）命令的操作

输入命令后，命令行提示："指定第一条尺寸界线原点或（选择对象)："。

如果直接右击，即执行"选择对象"选项，命令行提示："选择标注对象"。

选择标注对象后，命令行提示："指定尺寸线位置或［多行文字(M)/文字(T)/角度(A)/水平(H)/垂直(V)/旋转(R)］："。

此时直接指定尺寸线的位置，系统将以该对象的两端点作为两尺寸界线的起点标注尺寸。

如果标注的尺寸不在同一个对象上，则可用光标捕捉第一条尺寸界线的原点，命令行提示："指定第二条尺寸界线原点："。

再用光标捕捉第二条尺寸界线的原点，命令行提示变为："指定尺寸线位置或［多行文字(M)/文字(T)/角度(A)/水平(H)/垂直(V)/旋转(R)］："。若直接指定尺寸线的位置，系统将按测定的尺寸数字完成标注。若需要，可以选择相应的选项。各选项含义如下：

①"多行文字(M)"选项：用"在位文字编辑器"输入特殊的尺寸数字。

②"文字(T)"选项：用单行文字方式重新输入尺寸数字。

③"角度(A)"选项：指定尺寸数字的旋转角度。

④ "水平(H)" 选项：指定尺寸线呈水平标注（可直接拖动）。

⑤ "垂直(V)" 选项：指定尺寸线呈铅垂标注（可直接拖动）。

⑥ "旋转(R)" 选项：指定尺寸线与水平线所夹角度。

选项操作后，AutoCAD 会再一次提示给出尺寸线位置，给定后即完成标注。

3. 对齐标注

1）功能

用于标注倾斜的线性尺寸，如图 4-2-14 所示。

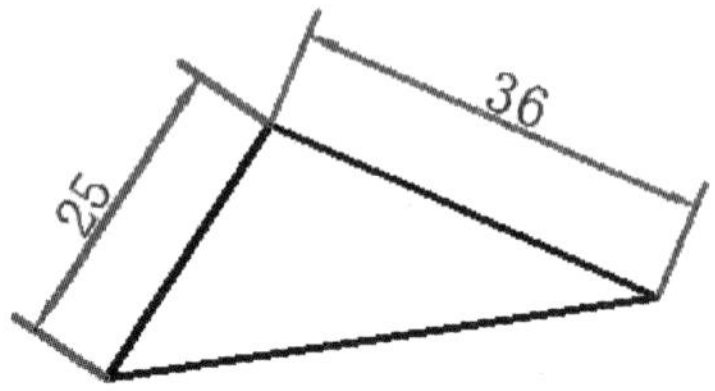

2）执行命令的方法

◎ "注释" 面板：单击 "对齐" 按钮 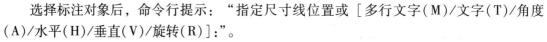。

◎ 命令行：输入 "DIMALIGNED"，按 Enter 键。

◎ 菜单栏：单击 "标注"→"对齐"。

图 4-2-14 "对齐标注" 示例

3）操作步骤

输入命令后，命令行提示："指定第一条尺寸界线原点或（选择对象）:"。

如果直接右击，即执行 "选择对象" 选项，命令行提示："选择标注对象"。

选择标注对象后，命令行提示："指定尺寸线位置或〔多行文字(M)/文字(T)/角度(A)/水平(H)/垂直(V)/旋转(R)〕:"。

此时，直接指定尺寸线的位置，系统将以该对象的两端点作为两尺寸界线的起点标注尺寸。

若用光标捕捉第一条尺寸界线原点，命令行提示："指定第二条尺寸界线原点:"。

用对象捕捉第二条尺寸界线原点后，命令行提示变为："指定尺寸线位置或〔多行文字(M)/文字(T)/角度(A)〕:"。

直接指定尺寸线位置，AutoCAD 将按测定尺寸数字完成标注。

若需要，可进行选项，各选项含义与 "线性标注" 方式的同类选项相同。

4. 弧长标注

1）功能

用来标注圆弧的长度，如图 4-2-15 所示。

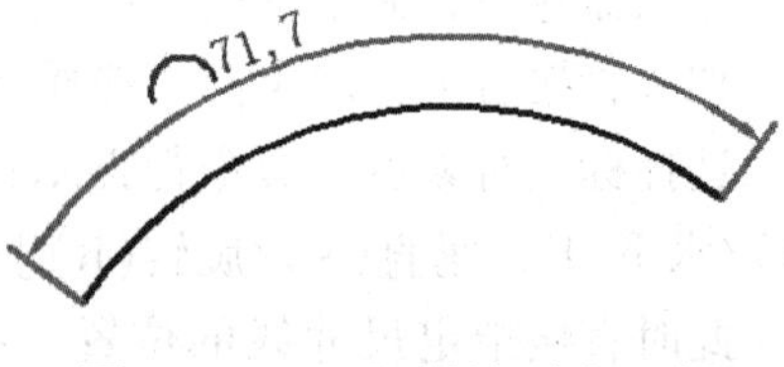

2）执行命令的方法

◎ "注释" 面板：单击 "弧长" 按钮 。

◎ 命令行：输入 "DIMARC"，按 Enter 键。

◎ 菜单栏：单击 "标注"→"弧长"。

图 4-2-15 "弧长标注" 示例

3）操作步骤

输入命令后，命令行提示："选择弧线段或多段线弧线段:"。

选择圆弧线段，命令行提示："指定弧长标注位置或〔多行文字(M)/文字(T)/角度(A)/部分(P)/引线(L)〕:"。

指定标注位置后，即可标注弧长。

5. 坐标标注

1）功能

用来标注图形中某点的 X 和 Y 坐标及一条引导线。因为 AutoCAD 使用世界坐标系或当前用户坐标系的 X 和 Y 坐标轴，所以标注坐标尺寸时，应使图形的（0，0）基准点与坐标系的原点重合，否则，应重新输入坐标值。

2）执行命令的方法

◎"注释"面板：单击"坐标"按钮。

◎命令行：输入"DIMORDINATE"，按 Enter 键。

◎菜单栏：单击"标注"→"坐标"。

3）命令的操作

输入命令后，命令行提示："指定点坐标："。

选择引线的起点后，命令行提示："指定引线端点或［X 基准（X）/Y 基准（Y）/多行文字（M）/文字（T）/角度（A）］："。

若直接指定引线终点，AutoCAD 将按测定坐标值标注引线起点的 X 或 Y 坐标，完成坐标标注。

若需改变坐标值，可选择"文字（T）"或"多行文字（M）"选项，给出新坐标值，再指定引线终点即完成标注。

【提示】在出现"指定引线端点"提示时，若相对于坐标点上下移动光标，将标注点的 X 坐标；若相对于坐标点左右移动光标，将标注点的 Y 坐标。

6. 半径标注

1）功能

用来标注圆弧的半径，如图 4 - 2 - 16 所示。

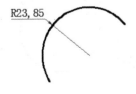  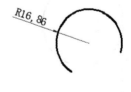

图 4 - 2 - 16 "线性标注"示例

2）执行命令的方法

◎"注释"面板：单击"半径"按钮。

◎命令行：输入"DIMRADIUS"，按 Enter 键。

◎菜单栏：单击"标注"→"半径"。

3）操作步骤

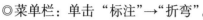

输入命令后，命令行提示："选择圆弧或圆："。

用直接点取方式选择需标注的圆弧或圆后，命令行提示："指定尺寸线位置或［多行文字（M）/文字（T）/角度（A）］："。

若直接给出尺寸线位置，AutoCAD 将按测定尺寸数字加上半径符号"R"完成半径尺寸标注。若需要，可进行选择，各选项含义与"线性标注"的同类选项相同，但用"多行文字（M）"或"文字（T）"选项重新指定尺寸数字时，半径符号"R"需与尺寸数字一起输入。

7. 折弯标注

1）功能

用来标注大圆弧的半径，如图 4 - 2 - 17 所示。

图 4 - 2 - 17 "折弯标注"示例

2）执行命令的方法

◎"注释"面板：单击"折弯"按钮。

◎命令行：输入"DIMJOGGED"，按 Enter 键。

◎菜单栏：单击"标注"→"折弯"。

3）命令的操作

输入命令后，命令行提示："选择圆弧或圆："。

用直接点取方式选择需标注的圆弧或圆后，命令行提示："指定图示中心位置："。

指定折弯半径标注的新中心点，命令行提示："指定尺寸线位置或［多行文字（M）/文字（T）/角度（A）］："。

指定尺寸线位置后，命令行提示："指定折弯位置："。

移动光标指定折弯位置即可。

8. 直径标注

1）功能

用来标注圆及圆弧的直径，如图 4 - 2 - 18 所示。

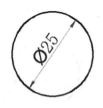   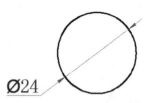

图 4 - 2 - 18 "直径标注"示例

2）执行命令的方法

◎"注释"面板：单击"直径"按钮。

◎命令行：输入"DIMDIAMETER"，按 Enter 键。

◎菜单栏：单击"标注"→"直径"。

3）操作步骤

输入命令后，命令行提示："选择圆弧或圆："。

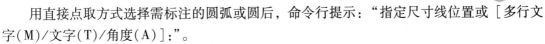

用直接点取方式选择需标注的圆弧或圆后，命令行提示："指定尺寸线位置或［多行文字（M）/文字（T）/角度（A）］："。

若直接指定尺寸线位置，AutoCAD 将按测定尺寸数字加上直径符号"φ"完成直径尺寸标注。

若需要，可选择相应的选项，各选项含义与"线性标注"方式的同类选项相同，但用"多行文字（M）"选项重新指定尺寸数字时，直径符号需与尺寸数字一起输入。直径符号"φ"应输入"%%C"。

9. 角度标注

1）功能

用于标注两条不平行直线之间的夹角、圆弧的中心角、已知三点标注角度，如图 4 - 2 - 19 所示。

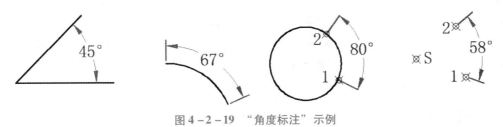

图 4 - 2 - 19　"角度标注"示例

2）执行命令的方法

◎"注释"面板：单击"角度"按钮■。

◎命令行：输入"DIMANGULAR"，按 Enter 键。

◎菜单栏：单击"标注"→"角度"。

3）操作步骤

①在两直线间标注角度尺寸。

输入命令后，命令行提示："选择圆弧、圆、直线或＜指定顶点＞："。直接选取第一条直线后，命令行提示："选择第二条直线："。直接选取第二条直线，命令行提示："指定标注弧线位置或［多行文字（M）/文字（T）/角度（A）/象限点（Q）］："。

若直接指定尺寸线位置，AutoCAD 将按测定尺寸数字加上角度单位符号"°"完成角度尺寸标注。效果如图 4 - 2 - 19 所示。

若需要，也可通过"多行文字（M）"或"文字（T）"及"角度（A）"选项确定尺寸数字及其旋转角度；通过"象限点（Q）"选项，可将尺寸数字置于尺寸界线之外（此时单击确定尺寸线位置，再在尺寸界线外确定数字位置）。

②对整段圆弧标注角度尺寸。

输入命令后，命令行提示："选择圆弧、圆、直线或＜指定顶点＞："。

选择圆弧上任意一点后，命令行提示："指定标注弧线位置或［多行文字（M）/文字（T）/角度（A）］："。

若直接指定尺寸线位置，将按测定尺寸数字完成尺寸标注。效果如图 4 - 2 - 19 所示。

若需要，可选择相应的选项。

10. 快速标注

1）功能

快速标注命令是用更简捷的方法来标注线性尺寸、坐标尺寸、半径尺寸、直径尺寸、连续尺寸等的标注尺寸的方式。

2）执行命令的方法

◎命令行：输入"QDIM"，按 Enter 键。

◎菜单栏：单击"标注"→"快速标注"。

3）操作步骤

输入命令后，命令行提示："选择要标注的几何图形："。

选择一条直线或圆或圆弧后，命令行提示："选择要标注的几何图形："。再选择一条线或按 Enter 键结束选择后，命令行提示变为："指定尺寸线位置或［连续（C）/并列（S）/基线（B）/坐标（O）/半径（R）/直径（D）/基准点（P）编辑（E）/设置（T）]＜连续＞："。

若直接指定尺寸线位置，确定后将按默认设置"连续"方式标注尺寸并结束命令。

若选择选项，将给出相应的提示，并重复上一行的提示，然后再指定尺寸线位置，AutoCAD 将按所选方式标注尺寸并结束命令。

11. 基线标注

1）功能

用来快速地标注具有同一起点的若干个相互平行的尺寸，如图 4-2-20 所示。

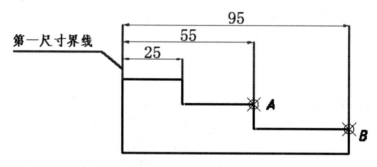

图 4-2-20 "基线标注"示例

2）执行命令的方法

◎命令行：输入"DIMBASELINE"，按 Enter 键。

◎菜单栏：单击"标注"→"基线"。

3）命令的操作

进行基线标注的前提是当前图形中已经有一个线性标注，此标注的第一尺寸界线将作为基线标注的基准。

以图 4-2-20 所示的一组水平尺寸为例，先用"线性标注"方式标注一个基准尺（图中尺寸25），然后再标注其他基线尺寸，每一个基线尺寸都将以基准尺寸的第一条尺寸界线为第一尺寸界线进行标注。

基线尺寸标注命令的操作过程如下。

输入命令后，命令行提示：

"指定第二条尺寸界线原点或［放弃(U)/选择(S)］<选择>："。

指定点"A"，标注出一尺寸，命令行提示：

"指定第二条尺寸界线原点或［放弃(U)/选择(S)］<选择>："。

指定点"B"，再标注出一尺寸，命令行再次提示：

"指定第二条尺寸界线原点或［放弃(U)/选择(S)］<选择>："

按 Enter 键结束该基线标注。命令行提示："选择基准标注："。可以再选择一个基准尺寸进行基准标注或按 Enter 键结束命令。

> 【提示】①提示行中的"放弃"选项，可撤销前一个基线尺寸；"选择"选项，允许重新指定基线尺寸第一尺寸界线的位置。
>
> ②各基线尺寸间距离是在"标注样式"中给定的7。
>
> ③所注基线尺寸数值只能使用 AutoCAD 内测值，不能更改。

12. 连续标注

1）功能

用来快速地标注首尾相接的若干个连续尺寸，如图 4 - 2 - 21 所示。

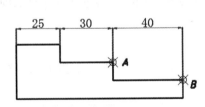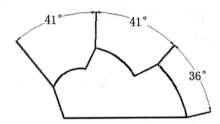

图 4 - 2 - 21　"连续标注"示例

2）执行命令的方法

◎命令行：输入"DIMCONTINUE"，按 Enter 键。

◎菜单栏：单击"标注"→"连续"。

3）操作步骤

连续标注的前提是当前图形中已存在一个尺寸线，每个后续标注将使用前一标注的第二尺寸界线作为本次标注的第一尺寸界线。

以图 4 - 20 所示为例，"连续标注"命令的操作步骤如下。

输入命令后，命令行提示：

"指定第二条尺寸界线原点或［放弃(U)/选择(S)］<选择>："。

指定点"A"，标注出一尺寸30，命令行提示：

"指定第二条尺寸界线原点或［放弃(U)/选择(S)］<选择>："。

指定点"B"，标注出下一尺寸40，命令行提示：

"指定第二条尺寸界线原点或［放弃（U）/选择（S）］<选择>:"。

按 Enter 键结束该连续标注，命令行提示："选择连续标注:"。可以再选择一个基准尺寸进行连续标注或按 Enter 键结束命令。

13. 等距标注

1）功能

用于调整平行的线性标注和角度标注之间的间距，如图 4-2-22 所示。

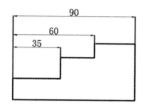
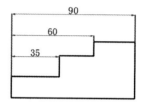

图 4-2-22 "等距标注"示例（1）

2）执行命令的方法

◎命令行：输入"DIMSPACE"，按 Enter 键。

◎菜单栏：单击"标注"→"标注间距"。

3）操作步骤

输入命令后，命令行提示："选择基准标注:"。

选择一个尺寸作为基准，命令行提示："选择要产生间距的标注:"。

选择需要调整间距的尺寸后，右击确定，在动态输入文本框内输入数字或选择自动即可完成间距的调整。

【提示】①输入间距数字后，所有选定的标注将以该距离隔开，如图 4-2-23（a）所示。

②输入数据为 0 时，选定的线性标注和角度标注的末端将对齐，如图 4-2-23（b）所示。

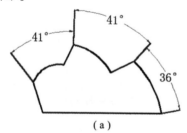
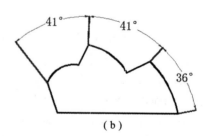

（a）　　　　　　　　　　　　（b）

图 4-2-23 "等距标注"示例（2）

14. 折断标注

1）功能

用于打断交叉标注的尺寸线，如图 4-2-24 所示。

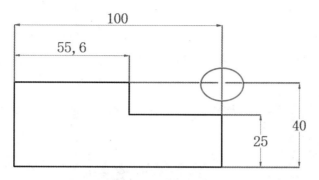

图 4 - 2 - 24 "折断标注"示例

2）执行命令的方法

◎命令行：输入"DIMBREAK"，按 Enter 键。

◎菜单栏：单击"标注"→"标注打断"。

3）操作步骤

输入命令后，命令行提示："选择标注或［多个(M)］:"。

选择一个需要被打断的尺寸线，如图 4 - 2 - 24 中的 40，命令行提示：

"选择要打断标注的对象或［自动(A)/恢复(R)/手动(M)］<自动>:"。

选择一个与前一个尺寸交叉的尺寸，如图 4 - 2 - 24 中的 100，即可将前一个尺寸打断。

15. 多重引线

1）功能

用于标注带引线的文字说明或倒角、序号等，如图 4 - 2 - 25 所示。

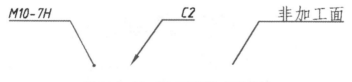

图 4 - 2 - 25 "多重引线"标注示例

引线可以是直线，也可以是样条曲线，可以有箭头或小圆点，也可以无箭头或小圆点。引线和注释的文字说明是相互关联的，文字的位置可以通过"多重引线样式管理器"进行设置。

2）执行命令的方法

◎"注释"面板：单击"引线"按钮。

◎命令行：输入"MLEADER"，按 Enter 键。

◎菜单栏：单击"标注"→"多重引线"。

3）操作步骤

输入命令后，命令行提示："指定引线箭头的位置或［引线基线优先(L)/内容优先(C)/选项(O)］<选项>:"。

在绘图区指定引线起点后，命令行提示："指定引线基线的位置:"。

指定引线基线位置后，系统弹出"文字编辑器"，输入多行文字即可。

4）创建多重引线样式

如果当前样式不符合要求，单击"注释"面板中的"多重引线样式"按钮 或菜单栏中的"格式"→"多重引线样式"命令，打开"多重引线样式管理器"对话框来创建新样式，如图4-2-26所示。

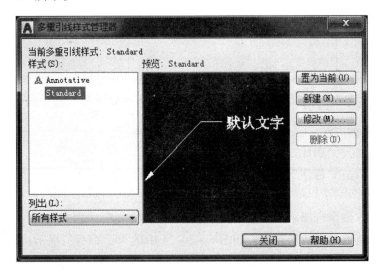

图4-2-26 "多重引线样式管理器"对话框

以创建"带小圆点"的多重引线样式为例。

创建步骤如下：

①在"样式（S）"列表框中选择"Standard"，单击"新建（N）"按钮，弹出如图4-2-27所示的"创建新多重引线样式"对话框。

图4-2-27 "创建新多重引线样式"对话框

在"新样式名（N）"中输入"带小圆点"。单击"继续（O）"按钮，弹出"修改多重引线样式：带小圆点"对话框，如图4-2-28所示。

②在"引线格式"选项卡中，将"符号（S）"设为"小点"。

③在"引线结构"选项卡中，将"设置基线间距（D）"设为2。

④在"内容"选项卡中，将"多重引线类型（M）"设为"多行文字"；"文字样式（S）"要根据引线注释的内容选择"汉字"或"数字"样式；"文字高度（T）"设为3.5；"引线连接"位置左、右均选择"最后一行加下划线"；"基线间隙"设为2，如图4-2-29所示。单击"确定"按钮，完成创建。

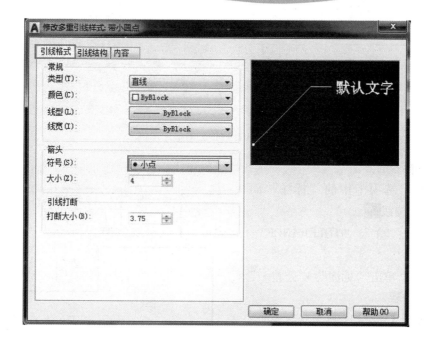

图 4 - 2 - 28　"修改多重引线样式"对话框

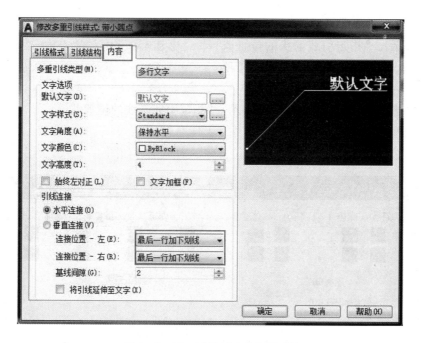

图 4 - 2 - 29　引线"内容"选项卡

16. 形位公差标注

1）功能

用来创建包含在特征控制框中的形位公差，如图 4 - 2 - 30 所示。

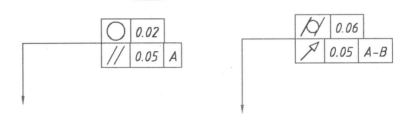

图 4 - 2 - 30　形位公差标注示例

2）执行命令的方法

◎"注释"选项卡中的"标注"面板：单击"公差"按钮 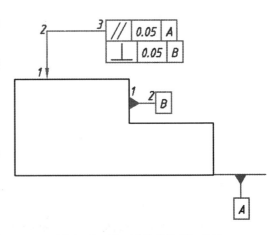。

◎命令行：输入"TOLERANCE"，按Enter键。

◎菜单栏：单击"标注"→"公差…"。

3）操作步骤

【例】按图 4 - 2 - 31 所示标注形位公差及基准符号。

操作步骤如下：

①单击"引线"按钮。

命令行提示："指定引线箭头的位置或[引线基线优先（L）/内容优先（C）/选项（O）]<选项>："。

图 4 - 2 - 31　形位公差标注示例

在绘图区指定引线起点后，命令行提示："指定引线基线的位置："。

指定引线基线位置后，不标注文字。

②单击"公差"按钮，弹出"形位公差"对话框，如图 4 - 2 - 32 所示。

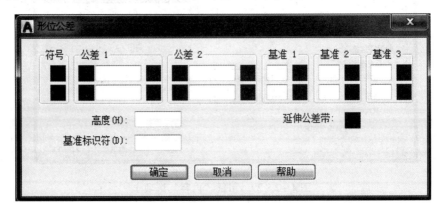

图 4 - 2 - 32　"形位公差"对话框

③单击符号下面第一行的方框，在"特征符号"面板中选择平行度公差符号，如图 4 - 2 - 33 所示。

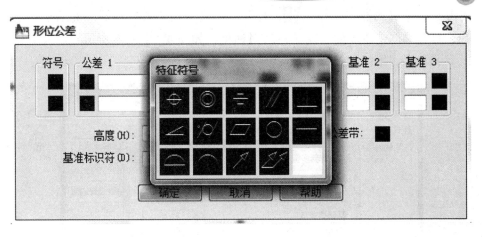

图4-2-33 形位公差"特征符号"面板

④在"公差1"中输入"0.05",在"基准1"中输入基准符号"A",在符号第二行中选择垂直度符号,在"公差1"中输入"0.05",在"基准1"中输入基准符号"B",如图4-2-34所示。形位公差的高度由标注样式决定,这里不需设置。

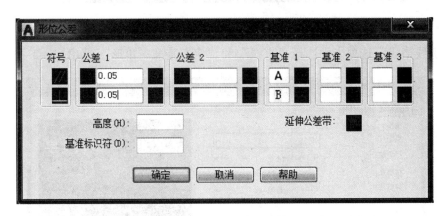

图4-2-34 "形位公差"对话框设置

⑤单击"确定"按钮,即可标注形位公差,如图4-2-35所示。

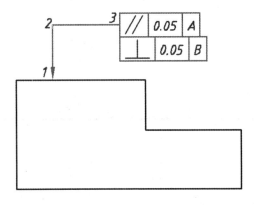

图4-2-35 形位公差标注示例

⑥单击"多重引线样式"按钮 ，打开"多重引线样式管理器"对话框。单击"新建"按钮，打开"创建新多重引线样式"对话框，如图 4 – 2 – 36 所示。输入新样式名称"基准一"，再单击"继续"按钮。

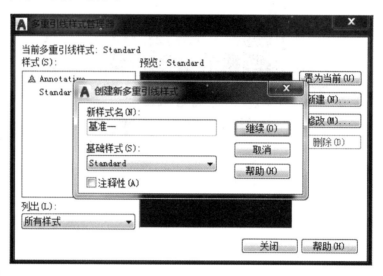

图 4 – 2 – 36　"创建新多重引线样式"对话框

在"引线格式"选项卡中选择"直线"和"实心基准三角形"，如图 4 – 2 – 37 所示。

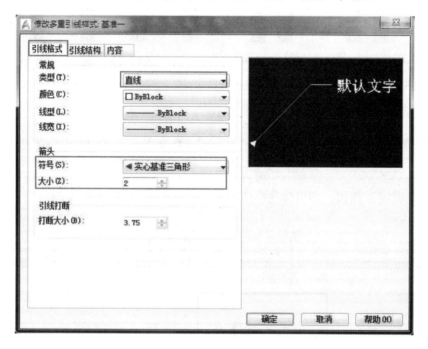

图 4 – 2 – 37　"引线格式"选项卡

⑦单击"确定"按钮后，在图形上选择点 1，向右移动光标，待出现三角形基准后选择点 2，右击结束，如图 4 – 2 – 38 所示。

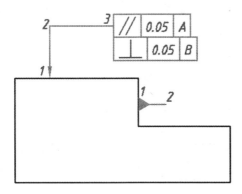

图 4 - 2 - 38　形位公差标注示例

⑧单击"公差"按钮⊕, 打开"形位公差"对话框, 在对话框的"基准标识符(D)"后输入"B", 如图 4 - 2 - 39 所示。

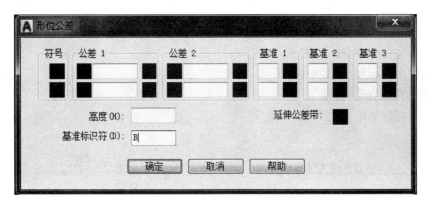

图 4 - 2 - 39　"形位公差"对话框

⑨单击"确定"按钮, 光标上即跟随一矩形基准符号, 在适当位置单击即可。若位置不准确, 可用移动命令指定矩形框上边中点作为基准进行移动, 如图 4 - 2 - 40 所示。

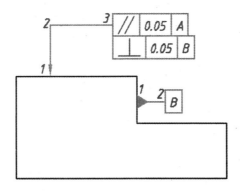

图 4 - 2 - 40　形位公差标注示例

⑩重复⑦⑧⑨步骤操作, 标注基准 A。

【提示】①"形位公差"对话框中的公差1、公差2均包括三个选项：第一个黑方框可在公差值前面加符号"φ"，第二个方框可输入形位公差的值，第三个黑方框可选择包容条件。

②若用"标注"工具栏中的"公差"按钮标注形位公差，并不能自动生成指引线，需要用多重引线命令创建引线。

17. 极限偏差标注

1）极限偏差样式

极限偏差样式有以下五种。

①对称标注（上下偏差绝对值相等时）：φ128±0.123。

②只标上下偏差：$\phi128^{+0.002}_{-0.001}$。

③只标注公差带代号：φ128H7。

④综合标注：$\phi128f7\left(^{+0.123}_{-0.456}\right)$。

⑤装配图中的标注：φ128H7/f6。

2）极限偏差的标注方法

极限偏差标注如图4-2-41所示。

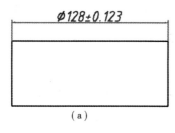
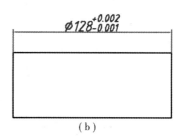

（a）　　　　　　　　　　　　　（b）

图4-2-41　极限偏差标注示例

（a）尺寸公差的对称标注；（b）只标注上下偏差

①标注图4-2-41（a）所示的极限偏差φ128±0.123。

在"注释"面板中单击"标准"按钮■，标注直线尺寸，如图4-2-42所示。

双击数字"128"，打开"文字编辑器"面板，如图4-2-43所示。蓝色数值是直线的默认长度。在蓝色数值前面输入"%%C"，在蓝色数值后面输入"%%P0.123"，用光标定位后单击"确定"按钮。

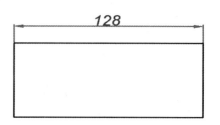

图4-2-42　直线标注示例

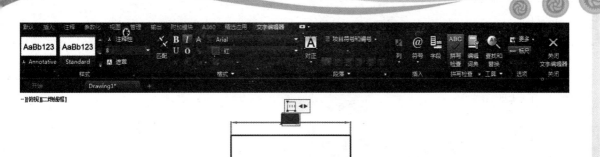

图 4 - 2 - 43 打开 "文字编辑器" 面板

②标注图 4 - 2 - 44 所示的极限偏差 $\phi 128 ^{+0.002}_{-0.001}$。

在蓝色数值后面输入 " + 0.002/ - 0.001", 如图 4 - 2 - 44 (a) 所示, 此时 "堆叠" 按

钮 不能操作。将 " + 0.002/ - 0.001" 选中, 此时 "堆叠" 命令按钮可操作, 单击 "堆叠" 按钮, 文字格式的效果变成分式形式, 如图 4 - 2 - 44 (b) 所示。

(a)   (b)

图 4 - 2 - 44 偏差输入示例

右击上下偏差, 在弹出的快捷菜单中选择 "堆叠特性" 命令, 如图 4 - 2 - 45 所示。打开 "堆叠特性" 对话框, 在 "外观" 选项区的 "样式" 下拉列表中选择 "公差" 选项, 如图 4 - 2 - 46 所示。

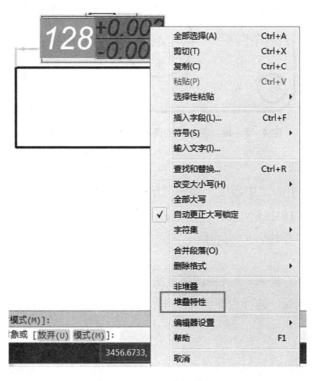

图 4 - 2 - 45 快捷菜单

单击"确定"按钮，上下偏差中的分数线消失，如图4-2-47所示，关闭"文字编辑器"。

图4-2-46 "堆叠特性"对话框

图4-2-47 分式中的分数线消失

18. 圆心标记

1）功能

用来绘制圆心标记，也可以绘制圆弧和圆的中心线，如图4-2-48所示。圆心标记有三种形式：无、标记、直线。其形式应首先在标注样式 ☑ 中设定，"修改标注样式"对话框如图4-2-49所示。

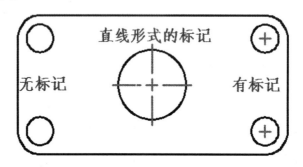

图4-2-48 在各圆的圆心上绘制十字标记示例

2）命令执行的方法

◎"注释"选项卡中的"中心线"面板：单击"圆心标记"按钮 ◉。

◎命令行：输入"DIMCENTER"，按Enter键。

◎菜单栏：单击"标注"→"圆心标记"。

3）操作步骤

输入命令后，命令行提示："选择圆弧或圆："。

直接选取一圆或圆弧，选择后即完成操作。

四、编辑标注

尺寸标注的编辑即对尺寸标注的修改。AutoCAD提供的编辑尺寸标注功能可以对标注的尺寸进行全方位的修改，如尺寸文字位置、尺寸文字内容等。

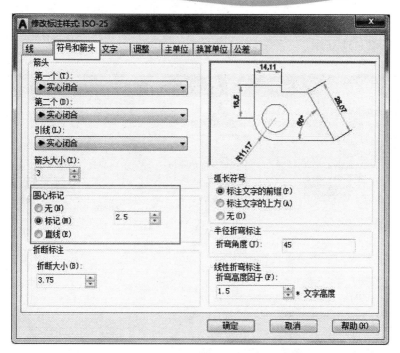

图 4 - 2 - 49 在标注样式中设定圆心标记

1. 修改与替代标注样式

要对当前样式进行修改但又不想创建新的标注样式，此时可以修改当前标注样式或创建标注样式替代。单击"注释"中的"标注样式"命令，在弹出的"标注样式管理器"对话框中选择 Standard 标注样式，再单击右侧的"修改"按钮，打开如图 4 - 2 - 50 所示的"修改标注样式：Standard"对话框。在该对话框中可以调整、修改样式，包括尺寸界线、公差、单位及可见性。

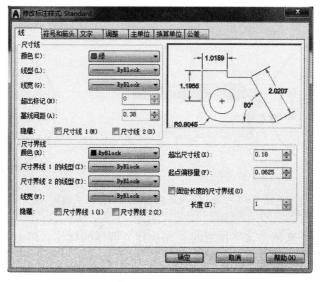

图 4 - 2 - 50 "修改标注样式：Standard"对话框

若创建标注样式替代，替代标注样式后，AutoCAD 将在标注样式名下显示"＜样式替代＞"，如图 4 - 2 - 51 所示。

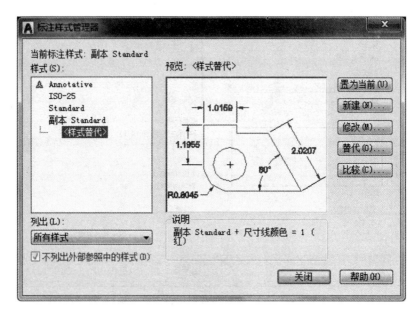

图 4 - 2 - 51　显示样式替代

2. 尺寸文字的调整

尺寸文字的位置可以通过移动夹点来调整，也可以利用快捷菜单来调整。在利用移动夹点调整时，先选中要调整的标注，按住夹点直接拖动光标进行移动即可，如图 4 - 2 - 52 所示。

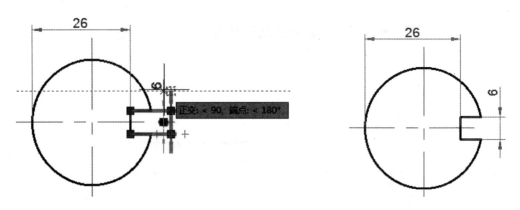

图 4 - 2 - 52　使用夹点移动来调整文字位置

利用右键菜单命令来调整文字位置时，先选择要调整的标注，单击鼠标右键，在弹出的快捷菜单中选择一条适当的命令，如图 4 - 2 - 53 所示。

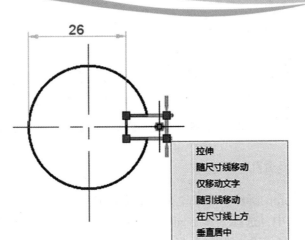

图4-2-53 选择命令

3. 编辑标注文字

对标注文字内容的修改，可以执行以下命令方式：

◎双击标注文字。

◎命令行：输入"DIMEDIT"，按 Enter 键。

◎菜单栏：单击"修改"→"对象"→"文字"→"编辑…"。

执行以上命令后，可以通过在功能区弹出的"文字编辑器"选项卡对标注文字进行编辑。

五、其他符号的标注

1. 锥度与斜度的标注

锥度与斜度的标注可先输入符号，然后在尺寸线层画指引线来标注，数值可用多行文字来输入。

机械制图国家标准规定：标注锥度符号时，锥度符号的尖端应与圆锥的锥度方向一致；标注斜度符号时，斜度符号斜边的斜向应与斜度的方向一致。

在多行文字编辑器中，选择字体"gdt"，输入小写"y"，可调用锥度符号；输入小写"a"，可调用斜度符号。效果如图4-2-54所示。

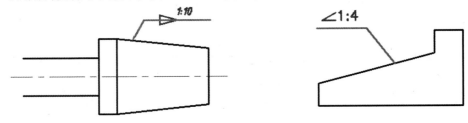

图4-2-54 锥度与斜度标注示例

锥度与斜度的符号也可以自己绘制，但应符合比例关系，如图 4 - 2 - 55 所示。

图 4 - 2 - 55　锥度与斜度符号的画法

2. 深度、埋头孔及沉孔的标注

深度、埋头孔及沉孔的标注，可以先在尺寸线层画指引线，然后输入符号来标注。

在多行文字编辑器中，选择字体 "gdt"，输入小写 "x"，可调用深度符号；输入小写 "w"，可调用埋头孔符号；输入小写 "v"，可调用沉孔符号。效果如图 4 - 2 - 56 所示。

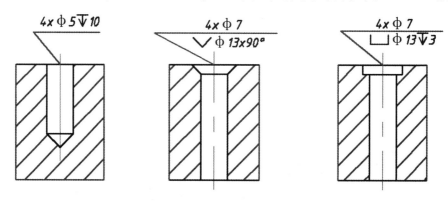

图 4 - 2 - 56　深度、埋头孔及沉孔的标注示例

3. 表面结构符号的标注

表面结构符号用来表达零件的表面情况，包括表面粗糙度及加工方法等。由于表面结构符号涵盖的内容很多，符号不易固定，所以 CAD 中没有固定的符号，要靠绘图者自己绘制。

绘制表面结构符号时，应以美观和便于读图为主。可将表面符号做成块，存于模板文件中，以备调用。

最常用的是基本符号及粗糙度值。基本符号的大小应根据图幅和使用字体的字号来确定。一张图样上，表面结构符号大小应一致。

表面结构图形符号的绘制如图 4 - 2 - 57 所示。常用的表面结构要求标注示例如图 4 - 2 - 58 所示。

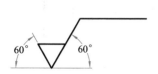 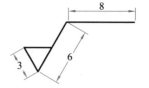 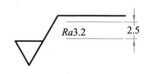

图 4 - 2 - 57　表面结构图形符号的绘制

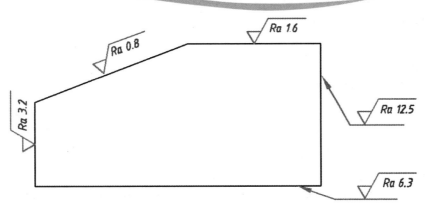

图 4 - 2 - 58　表面结构要求标注示例

任务实施

1. 准备实施

设置绘图环境，创建图层，设置对象捕捉。

2. 创建文字样式

一般创建两个文字样式：一个为汉字，设置字体为"仿宋"；另一个为"西文"，设置字体为"gbeitc. shx"。

3. 创建标注样式

创建三个尺寸标注样式：直线尺寸标注样式、半径尺寸标注样式、直径尺寸标注样式。创建尺寸标注样式的操作方法如下。

1）创建直线尺寸标注样式

单击"注释"面板中的"标注样式"按钮，打开"标注样式管理器"对话框。单击"新建"按钮，打开"创建新标注样式"对话框，在"新样式名"文本框中输入"直线样式"，然后单击"继续"按钮，打开"新建标注样式：直线样式"对话框。

在对话框中设置如下。

①设置"线"选项卡。在"线"选项卡中，将"尺寸线"选项区的"基线间距"设置为"7"，"颜色"设置为"绿色"；"超出尺寸线"设置为"2"，"起点偏移量"设置为"0"，其余选项默认。

②设置"符号和箭头"选项卡。在"符号和箭头"选项卡中，将"箭头"选项区的"第一个"和"第二个"均设置为"实心闭合"，"箭头大小"设置为"2.5"，其余选项默认。

③设置"文字"选项卡。在"文字"选项卡中，将"文字外观"选项区的"文字样式"设置为"Standard"，"文字颜色"设置为"红"，"文字高度"设置为"2.5"；将"文字位置"选项区的"从尺寸线偏移"设置为"0.5"。

④设置"主单位"选项卡。在"主单位"选项卡中，将"线性标注"选项区的"单位

格式"设置为"小数","精度"设置为"0","小数分隔符"设置为"句点"。

设置完以上选项卡后，单击"确定"按钮，返回"标注样式管理器"对话框，单击"关闭"按钮。

2）创建半径尺寸标注样式

在"调整"选项卡中，将"调整选项"选项区的"文字和箭头"单选按钮选中；在"优化"选项区中，勾选"手动放置文字"和"在延伸线之间绘制尺寸线"复选框，其余设置与直线尺寸标注样式相同。

3）创建直径尺寸标注样式

在"文字"选项卡中，将"文字对齐"选项区中的"ISO 标准"单选按钮选中，其余设置与直线尺寸标注样式相同。

4. 标注

1）标注线性尺寸

单击"注释"面板中的"线性"按钮，命令行提示："指定第一条延伸线原点或＜选择对象＞:"。

指定第一条延伸线原点，命令行提示："指定第二条延伸线原点:"。

指定第二条延伸线原点，命令行提示："[多行文字（M）/文字（T）/角度（A）/水平（H）/垂直（V）/旋转（R）]:"。

指定尺寸线位置。

标注文字 = X。

用同样的方法按照逆时针方向从里到外依次标注尺寸 30、11、2.5、20、16、53、26、40、149、5、15。

2）标注非圆直径尺寸

双击标注数字"24"，打开"文字编辑器"对话框，在蓝色数值前面输入"%%C"，标注改为"φ24"。用同样的方法标注 φ20、φ17、M12。

3）标注极限偏差尺寸

双击需要标注偏差的数字"20"，打开"文字编辑器"对话框，在蓝色数值前面输入"%%C"，在后面输入"+0.012/-0.012"，再将"+0.012/-0.012"选中，单击"堆叠"按钮，再右击上下偏差，在弹出的快捷菜单中选择"堆叠特征"命令，打开"堆叠特征"对话框，在"样式"下拉列表中选择"公差"选项，单击"确定"按钮。

用同样的方法标注 φ24 的上下偏差。

4）标注形位公差尺寸

单击"注释"选项卡"标注"面板的"公差"按钮，打开"形位公差"对话框。单击"符号"按钮，打开"特征符号"对话框，选择圆柱度符号，单击"公差 1"，拾取直径符号"φ"，在其文本框中输入"1.2"，单击"确定"按钮，完成该项形位公差的标注。

5）标注引线

单击"注释"面板中的"多重引线样式"按钮，新建样式，打开"新建标注样式"对话框，在"引线格式"选项卡的"箭头"选项区中设置"箭头"为"无"；在"内容"选项卡的"引线连接"中选择"最后一行加下划线",然后单击"确定"按钮。

单击"注释"面板中的"引线"按钮。

命令行提示:"指定引线箭头的位置或〔引线基线优先(L)/内容优先(C)/选项(O)〕<选项>:"。

在绘图区指定引线起点后,命令行提示:"指定引线基线的位置:"。

指定引线基线位置后,系统弹出"文字编辑器",输入多行文字即可。

用同样的方法标注 2×2、2×1。

5. 查缺补漏

对标注结果进行检查,如图 4 − 2 − 59 所示。

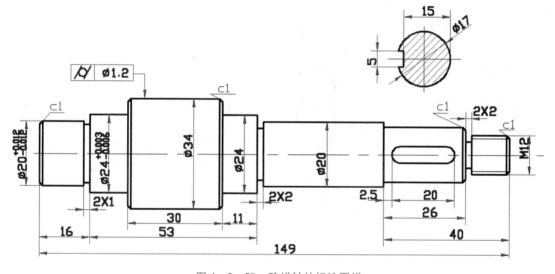

图 4 − 2 − 59　阶梯轴的标注图样

任务三　表面粗糙度标注

知识目标

了解块的概念、分类及特点。

掌握内部块的创建和插入的方法。

掌握块属性的设置。

掌握块的编辑方法。

能力目标

能够调用和编辑内部块。

 任务描述

如图 4 - 3 - 1 所示，绘制图形，定义块属性，创建粗糙度块，插入块，完成表面粗糙度的标注。

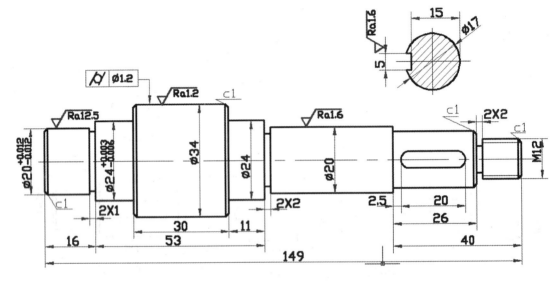

图 4 - 3 - 1 标注粗糙度的轴样图

 相关知识

一、块的基础知识

在一般的工程图样中，常有许多重复出现的结构和符号，如机械制图中的标准件、表面结构符号、图框、标题栏等。为提高绘图效率，可将这些结构、符号、图框和标题栏做成块保存起来，以便将来直接调用。块分为内部块和外部块两种。

二、内部块的创建

1. 功能

将已经绘制好的对象定义成只能在当前图形中使用的块。

2. 执行命令的方法

◎ "块" 面板：单击 "创建块" 按钮 ▦。

◎命令行：输入"BLOCK"或"B"，按 Enter 键。

◎菜单栏：单击"绘图"→"块"→"创建…"。

3. 操作步骤

将图 4-3-2 所示螺母定义为内部块。

操作步骤如下：

（1）输入命令"B"，打开"块定义"对话框，如图 4-3-3 所示。

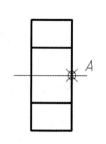

图 4-3-2　定义内部块

（2）在"名称(N)"下拉列表中选择"螺母"。

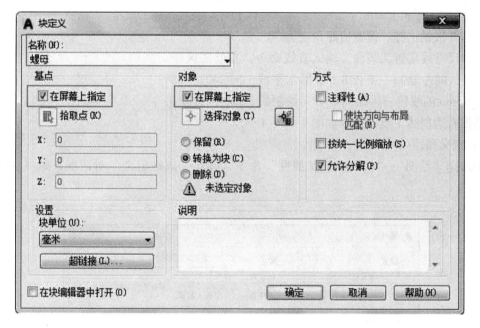

图 4-3-3　"块定义"对话框

（3）在"基点"区选择"在屏幕上指定"，在"对象"区选择"在屏幕上指定"，选择"转换为块(C)"，在"方式"区选择"按统一比例缩放(S)"和"允许分解(P)"。

（4）单击"确定"按钮，命令行提示："指定插入基点"。拾取 A 点作为插入基点，命令行提示："选择对象"。在绘图区选择螺母，即完成"螺母"图块的定义。

> 🖐【提示】①如果没有选择插入点，系统将默认坐标原点为插入点；
> ②创建块必须要有块名，并且名称要尽可能表达这个块的用途。

三、创建带属性的块

1. 功能

能够定义属性模式、属性标记、属性提示、属性值、插入点等。

2. 执行命令的方法

◎ "块" 面板：单击 "定义属性" 按钮 。

◎ 命令行：输入 "ATTDEF"，按 Enter 键。

◎ 菜单栏：单击 "绘图"→"块"→"定义属性"。

3. 操作步骤

以创建一个带属性的表面结构符号内部图块为例。

操作步骤如下：

1）绘制图形符号

①打开极轴追踪，设置追踪角度为 30°。

②将尺寸线层置为当前，输入直线命令，在绘图区任选一点 A，向左绘制一条长 8 mm 的水平线，向 240° 方向绘制长 6 mm 的线段，再向 120° 方向绘制长 3 mm 的线段，最后捕捉右边斜线中点，结果如图 4-3-4 所示。

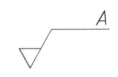

图 4-3-4 绘制表面结构符号

2）定义属性

①选择 "绘图"→"块"→"定义属性" 命令，打开 "属性定义" 对话框，如图 4-3-5 所示。

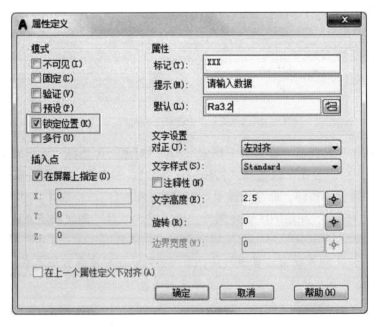

图 4-3-5 "属性定义" 对话框

②在 "标记（T）" 栏填写 "XXX"，在 "提示（M）" 栏填写 "请输入数据"，在 "默认（L）" 栏填写 "Ra3.2"。

③在"文字设置"区选择"对正（J）"为"左上"，"文字样式（S）"为"数字"，"文字高度（E）"为"2.5"，"旋转（R）"角度为"0"。

④设置完成后，单击"确定"按钮返回绘图区，指定 B 点作为属性的定位点，结果如图4－3－6所示。

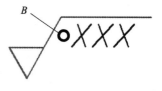

⑤选中定义的属性"XXX"后，单击"特性"按钮，打开"特性"对话框，将"颜色"设为红色。

图4－3－6　定义属性

3）定义带属性的内部块

在"块"面板中单击"创建块"按钮 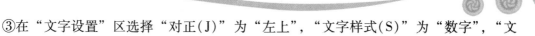，打开"块定义"对话框，如图4－3－7 所示。

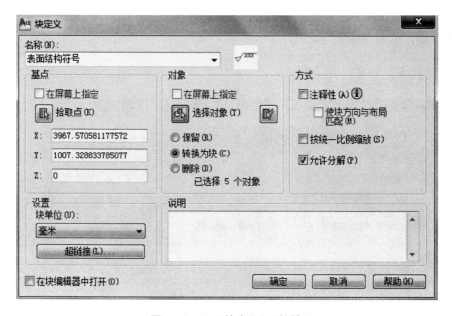

图4－3－7　"块定义"对话框

在"名称"框输入"表面结构符号"，在"对象"中单击"选择对象"，选取绘图区的表面结构符号和属性，在"基点"中，单击"拾取点（K）"按钮，在绘图区选取 C 点作为插入点，如图4－3－8所示。单击"确定"按钮，完成带属性的表面结构符号内部块的创建，如图4－3－9所示。

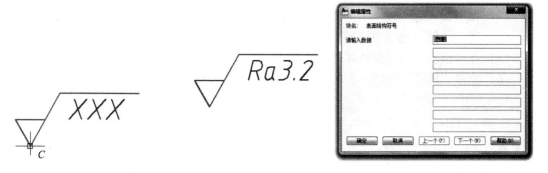

图4－3－8　定义插入点　　　　　　　图4－3－9　带属性的块

四、内部块的插入

1. 功能

在图形中插入块或其他图形，并且在插入块的同时改变所插入块或图形的比例与旋转角度。

2. 执行命令的方法

◎"块"面板：单击"插入块"按钮 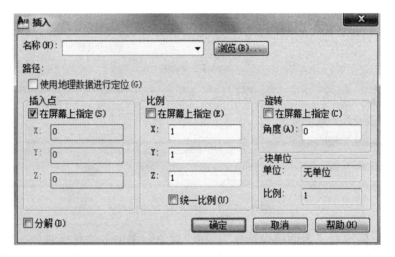。

◎命令行：输入"INSERT"，按 Enter 键。

◎菜单栏：单击"插入"→"块"。

3. 操作步骤

（1）输入命令后，弹出"插入"对话框，如图 4 – 3 – 10 所示。

图 4 – 3 – 10 "插入"对话框

（2）在"名称(N)"下拉列表中选择内部块［单击"浏览(B)…"按钮，是选择要插入的外部块，外部块在任务四中详解］。

（3）在"插入点"选项中选择"在屏幕上指定(S)"。

（4）在"比例"选项中选择 X、Y、Z 方向统一缩放比例1。

（5）在"旋转"选项中选择"角度(A)"为0（或"在屏幕上指定"）。

（6）单击"确定"按钮，在屏幕上指定插入块，即可插入块。

　【提示】插入图块时，如果 X 方向比例取 -1，则插入一个以 Y 轴为镜像线的镜像图形；如果 Y 方向比例取 -1，则插入一个以 X 轴为镜像线的镜像图形；如果 X、Y 方向比例均取 -1，则插入的图块将绕插入点旋转 $180°$。

五、编辑块的属性

1. 修改定义属性

1）功能

在属性附着于块之前，每个属性都是独立的对象，用户可以对其进行编辑，以修改属性。

2）命令执行的方法

双击要编辑的属性。

3）操作步骤

输入命令后，命令行提示："选择注释对象或［放弃(U)］:"。

选择要编辑的属性对象，打开"编辑属性"对话框，如图 4 - 3 - 11 所示。

在此可以编辑属性的标记、提示和默认值。单击"确定"按钮，命令行再次提示："选择注释对象或［放弃(U)］:"。按 Enter 键或 Esc 键结束命令。

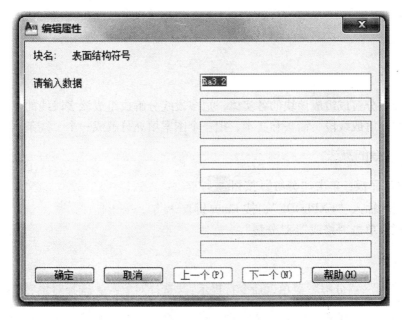

图 4 - 3 - 11 "编辑属性"对话框

2. 增强属性编辑器

1）功能

当属性附着于块之后，通过"增强属性编辑器"来编辑属性。

2）命令执行的方法

双击要编辑的属性。

3）操作步骤

双击要编辑的带属性的块，弹出"增强属性编辑器"对话框，如图 4 - 3 - 12 所示。

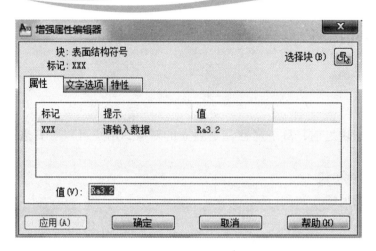

图 4 - 3 - 12　"增强属性编辑器"对话框

在"属性"选项卡中选择一项属性，在"值(V)"文本框中修改属性；在"文字选项"选项卡中可修改文字的格式；在"特性"选项卡中可修改文字的属性。修改完成后，单击"确定"按钮即可。

六、分解

1. 功能

把块、面域分解成组成该块的各实体，把多段线分解成组成该多段线的直线或圆弧，把一个尺寸标注分解成线段、箭头和文本，把一个图案填充分解成一个个线条。

2. 执行命令的方法

◎"修改"面板：单击"分解"按钮![按钮]。
◎命令行：输入"EXPLODE"，按 Enter 键。
◎菜单栏：单击"修改"→"分解"。

3. 操作步骤

选择"修改"→"分解"菜单，命令行提示："选择对象:"，选择对象后，按 Enter 键。

七、设置插入基点

选择"绘图"→"块"→"基点"菜单或在命令行中输入"BASE"，按 Enter 键，可以设置当前图形的插入基点。

当把某一图形文件作为块插入时，系统默认将该图形的坐标原点作为插入基点，这样往往会给绘图带来不便，这时可以使用"BASE"命令为图形文件指定新的插入基点。

执行"BASE"命令时，可以直接在"输入基点 < 0.0000，0.0000，0.0000 > :"提示下指定块插入基点的坐标。

八、块与图层的关系

块可以由绘制在若干图层上的对象组成，AutoCAD 2018 可以将图层的信息保留在块中。

当插入这样的块时，AutoCAD 2018 有如下约定。

（1）块插入后，原来位于图层上的对象被绘制在当前图层上，并按当前图层的颜色与线型绘出。

（2）对于块中其他图层上的对象，若块中有与图形中图层同名的图层，块中该图层上的对象仍绘制在图中的同名图层上，并按图中该图层的颜色与线型绘制。块中其他图层上的对象仍在原来的图层上绘出，并为当前图形增加相应的图层。

（3）如果插入的块由多个位于不同图层上的对象组成，那么冻结某一对象所在的图层后，此图层上属于块上的对象就会变得不可见。当冻结插入块后的当前图层时，不管块中各对象处于哪一图层，整个块均变得不可见。

任务实施

1. 准备实施

设置绘图环境，创建图层，设置对象捕捉。

2. 创建表面粗糙度的块并插入

（1）绘制表面粗糙度符号并定义属性，创建表面粗糙度符号的内部块（步骤同"三、创建带属性的块"），如图 4 - 3 - 13 所示。

图 4 - 3 - 13　表面粗糙度符号

（2）插入块，输入命令后，弹出"插入"对话框，在"名称（N）"下拉列表中选择内部块"表面粗糙度符号"，在"插入点"选项中选择"在屏幕上指定（S）"，单击"确定"按钮，在屏幕轴样图上相应位置单击"确定"按钮插入点，命令行提示："请输入数据 < Ra3.2 >："，输入数值 $Ra12.5$。

按照上述操作，插入其他粗糙度符号。注意：对于断面图上的粗糙度符号，在块的"插入"对话框中除了要进行插入点选择以外，还要在"旋转"选项中设置角度为"90"。

结果如图 4 - 3 - 14 所示。

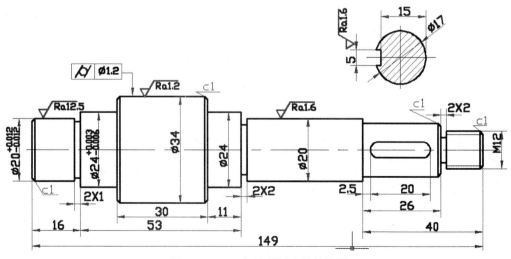

图 4 - 3 - 14　标注粗糙度的轴样图

任务四 创建写块并插入块

知识目标

掌握写块的创建方法。

掌握写块的插入方法。

掌握写块的存储方法。

了解外部参照的相关知识。

了解 AutoCAD 2010 设计中心。

能力目标

能够调用和存储写块。

任务描述

绘制如图 4 - 4 - 1 所示的标题栏，定义属性，创建写块，保存写块，根据保存路径找到该写块，并将其插入图形文件中。

（零件名称）			比例	（数值）	材料	（材料名称）
			数量	（数值）	图号	（数据）
姓名	（姓名）	（日期）		X X 职业学院		
审核	（姓名）					

图 4 - 4 - 1 标题栏样例

任务要求如下。

（1）将标题栏（括号内文字为属性）制作成带属性的写块，其中"零件名称""XX 职业学院"字高为 5，其余字高为 3.5。

（2）将其保存为写块，文件名为新块标题栏.dwg，自定义保存路径。

相关知识

一、写块的创建

1. 功能

将当前图形中的块或图形对象保存为独立的 AutoCAD 图形文件，以便在其他图形文件中调用。

2. 执行命令的方法

命令行：输入"WBLOCK"或"W"，按 Enter 键。

3. 操作步骤

在命令行中输入"W"，按 Enter 键，弹出"写块"对话框，如图 4 - 4 - 2 所示。通过设置该对话框的各参数可以进行写块的创建。

图 4 - 4 - 2 "写块"对话框

各参数说明：

1）"源"选项区

①块。"块"的作用是选择现有的内部块来创建外部块。

②整个图形。"整个图形"的作用是选择当前整个图形来创建外部块。

③对象。"对象"的作用是从绘图区选择对象并指定插入点来创建外部块。

2）"对象"选项区

①保留。"保留"的作用是将创建成块的原始对象保留在绘图区中，并且是一组零散的图形。

②转换为块。"转换为块"的作用是将创建成块的对象转换为块。

③从图形中删除。"从图形中删除"的作用是创建成块后删除转换为块的原对象。

3）"目标"选项区

"文件名和路径"的作用是选择保存路径进行保存。在该对话框的"目标"选项区单击"文件名和路径"文本框后边的按钮，打开"浏览图形文件"对话框。在"浏览图形文件"对话框中选择保存路径，指定块的名称，然后单击"保存"按钮，返回"写块"对话框，单击"确定"按钮。

二、写块的插入

写块的插入与块的插入，执行命令的方法相同。选择"插入"→"块"菜单，打开"插入"对话框。

三、外部参照

用户可以把已有的图形文件以参照的形式插入当前图形中（即外部参照），或是通过 AutoCAD 2018 设计中心浏览、查找、预览、使用和管理 AutoCAD 图形、块、外部参照等不同的资源文件。

1. 外部参照概述

外部参照与块有相似的地方，它们的主要区别是：一旦插入了块，该块就永久性地插入当前图形中，成为当前图形的一部分。而以外部参照方式将图形插入某一图形（称为主图形）后，被插入图形文件的信息并不直接加入主图形中，主图形只是记录参照的关系。另外，对主图形的操作不会改变外部参照图形文件的内容。当打开具有外部参照的图形时，系统会自动把各外部参照图形文件重新调入内存并在当前图形中显示出来。

2. 附着外部参照

选择"插入"→"外部参照"菜单，打开"外部参照"面板，如图 4-4-3 所示。

单击面板上方的"附着 DWG"按钮或选择"插入"→"DWG 参照"菜单，打开"选择参照文件"对话框，如图 4-4-4 所示。选择参照文件后，单击"打开"按钮，打开"附着外部参照"对话框，利用

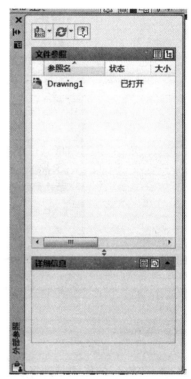

图 4-4-3　"外部参照"面板

该对话框可以将图形文件以外部参照的形式插入当前图形中。

图 4 – 4 – 4 "选择参照文件"对话框

3. 插入 DWG、DWF、DGN、PDF 参考底图和光栅图像参照

AutoCAD 2018 支持在 AutoCAD 图形文件中插入 DWG、DWF、DGN、PDF 参考底图和光栅图像参照，该类功能和外部参照功能相同，用户可以在"插入"菜单中选择相关命令。

4. 管理外部参照

在 AutoCAD 2018 中，用户可以在"外部参照"面板中对外部参照进行编辑和管理。

四、AutoCAD 2018 设计中心

选择"工具"→"选项板"→"设计中心"菜单，或单击"标准"工具栏中的"设计中心"按钮，打开"设计中心"窗口，如图 4 – 4 – 5 所示。

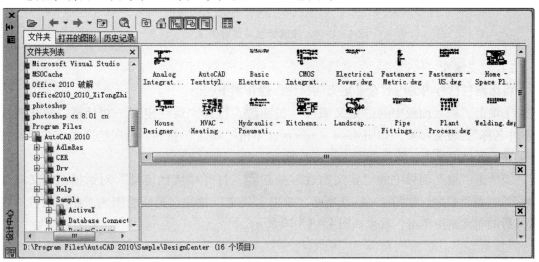

图 4 – 4 – 5 "设计中心"窗口

在 AutoCAD 2018 中，可以使用 AutoCAD 2018 设计中心完成如下操作。

（1）创建频繁访问的图形、文件夹和 Web 站点的快捷方式。

（2）根据不同的查询条件在本地计算机和网络上查找图形文件，找到后可以将它们直接加载到绘图区或设计中心。

（3）浏览不同的图形文件，包括当前打开的图形和 Web 站点上的图形库。

（4）查看块、图层和其他图形文件的定义，并将这些图形定义插入当前图形文件中。

（5）通过控制显示方式来控制"设计中心"对话框的显示效果，还可以在对话框中显示与图形文件相关的描述信息和预览图像。

 任务实施

1. 准备实施

设置绘图环境，创建图层，设置对象捕捉。

2. 将标题栏创建为写块

1）绘制标题栏

绘制标题栏，将固定文字填写完整，如图 4 - 4 - 6 所示。其中"零件名称""XX 职业学院"字高为 5，其余字高为 3.5。

			比例		材料	
			数量		图号	
姓名						
审核			X X 职业学院			

图 4 - 4 - 6　绘制标题栏填写固定文字

2）定义属性

将标题栏括号内的内容全部定义为属性，操作如下。

①单击"块"面板中的"定义属性"按钮，打开"属性定义"对话框，定义属性"零件名称"，设置参数，如图 4 - 4 - 7 所示。单击"确定"按钮，返回绘图区，在标题栏左上方单元格中单击，效果如图 4 - 4 - 8 所示。

②单击"块"面板中的"定义属性"按钮，打开"属性定义"对话框，定义属性"姓名"，设置参数，如图 4 - 4 - 9 所示。单击"确定"按钮，返回绘图区，在标题栏"姓名"后的单元格中单击，效果如图 4 - 4 - 10 所示。

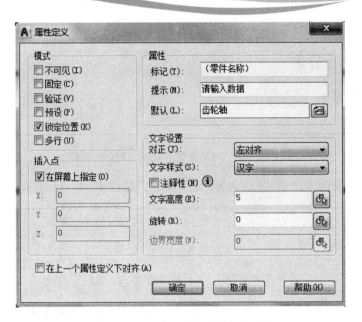

图 4-4-7 定义属性"零件名称"

(零件名称)	比例		材料	
	数量		图号	
姓名			ＸＸ职业学院	
审核				

图 4-4-8 定义属性"零件名称"后的标题栏

图 4-4-9 定义属性"姓名"

(零件名称)		比例		材料	
		数量		图号	
姓名	(姓名)		ＸＸ职业学院		
审核					

图 4 - 4 - 10　定义属性"姓名"后的标题栏

③其余属性定义的方法如"(姓名)"定义所述，如图 4 - 4 - 11 所示。

(零件名称)		比例	(数值)	材料	(材料名称)
		数量	(数值)	图号	(数据)
姓名	(姓名)	(日期)	ＸＸ职业学院		
审核	(姓名)				

图 4 - 4 - 11　定义全部属性的标题栏

3）创建标题栏写块

①在命令行中输入"W"，按 Enter 键，弹出"写块"对话框。

②单击"基点"选项区的"拾取点"按钮，返回绘图区，单击标题栏右下角点，作为块插入时的基点，"写块"对话框再次弹出。

③单击"选择对象"按钮，返回绘图区，将整个标题栏连同定义的属性一起选中，然后按 Enter 键，"写块"对话框再次弹出。在"对象"选项区中选中"转换为块"单选按钮。

4）保存写块

在"目标"选项区单击"文件名和路径"下拉列表框右边的按钮，打开"浏览图形文件"对话框，选择指定的路径，单击"保存"按钮，返回"写块"对话框，单击"确定"按钮，如图 4 - 4 - 12 所示。

图 4 - 4 - 12　创建"新块标题栏"写块

5）插入块

单击"块"面板中的"插入块"按钮，打开"插入"对话框，如图4-4-13所示。

图4-4-13　"插入"对话框

单击"浏览"按钮，打开"选择图形文件"对话框。选择所要插入的"新块标题栏"，在预览区出现预览，单击"打开"按钮，"插入"对话框再次打开，单击"确定"按钮，此时命令行提示如下。

命令：_insert

指定插入点或 ［基点(B)/比例(S)/X/Y/Z/旋转(R)］：

输入属性值

请输入图号＜（数据）＞：A4

请输入材料名称＜45钢＞：45钢

请输入数量＜3＞：1

请输入比例＜2：1＞：1：1

请输入日期＜2011.11＞：2018.5

请输入姓名＜张三＞：李四

请输入姓名＜李四＞：张三

请输入零件名称＜齿轮轴＞：齿轮轴

完成后的标题栏如图4-4-14所示。

齿轮轴			比例	1:1	材料	45钢
			数量	1	图号	A4
姓名	张三	2018.5				
审核	李四			ＸＸ职业学院		

图4-4-14　修改属性之后的标题栏

项目五
绘制零件图和装配图

通过本项目的学习，掌握样板图的创建和相关知识，能够绘制零件图和装配图。

任务一　绘制阶梯轴的零件图

知识目标

了解样本图的概念和作用。

了解创建样板图的准则。

掌握创建机械样板图的方法和步骤。

掌握样板文件的调用方法。

掌握绘制标准零件图的基本步骤及技巧。

能力目标

具备绘制标准零件图的能力。

任务描述

用户根据需要创建自己的样板图，包括标题栏、表面粗糙度等一些常见的要素。调用样板图，利用所学相关命令绘制并标注阶梯轴，以提高绘图技能，如图5-1-1所示。

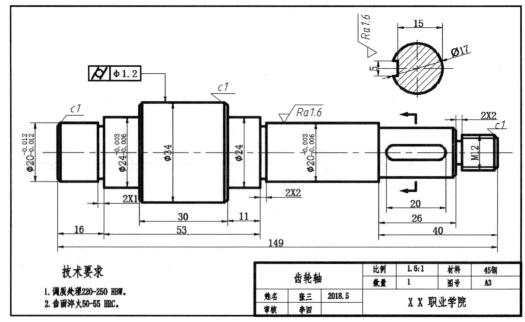

图5-1-1　绘制阶梯轴样图

相关知识

一、样板图的应用

1. 样板图的概念

样板图作为一张标准图纸，除了需要绘制图形外，还要求设置图纸大小、绘制图框线和标题栏；而对于图形本身，需要设置图层以绘制图形的不同部分，设置不同的线型和线宽来表达不同的含义，设置不同的图线颜色以区分图形的不同部分等。

为方便绘图，提高绘图效率，通常将绘制图形所需的基本图和通用设置绘制成一张基础图形，进行初步或标准的设置，这种基础图形就称为样板图。

2. 样板图在绘制图形中所起的作用

为避免重复操作，提高绘图效率，可以在设置图层、文字样式、尺寸标注样式、图框、标题栏等内容后将其保存为样板图，使用时直接调用即可。

AutoCAD 2018 提供了许多样板文件，但这些样板文件和我国的国家标准不完全符合，所以不同的行业在绘图前都应该建立符合各自行业国家标准的样板图，保证图纸的规范性。

AutoCAD 2018 自带两个样板：默认英制单位的样板 acad. dwt，缺省区域为 12 in×9 in；默认公制单位的样板 acadiso. dwt，缺省区域为 420 mm×297 mm。

3. 创建样板图的准则

使用 AutoCAD 2018 绘制样板图时，必须遵守如下准则。

（1）严格遵守国家标准的有关规定。

（2）使用标准线型。

（3）将捕捉和栅格设置为在操作区操作的尺寸。

（4）按标准的图纸尺寸打印图样。

二、样板图的创建

1. 设置绘图单位和精度

在绘图时，单位制都采用十进制，长度精度一般为小数点后 2 位（也可根据要求设置），角度精度一般为小数点后 1 位（也可根据要求设置）。

设置图形单位和精度的方法为：选择"格式"→"单位"菜单，打开"图形单位"对话框。在该对话框"长度"选项区的"类型"下拉列表中选择"小数"选项，设置"精度"为"0.0"；在"角度"选项区的"类型"下拉列表中选择"十进制度数"选项，设置"精度"为"0"；系统默认逆时针方向为正。然后单击"确定"按钮。

2. 设置图形界限

国家标准对图纸的幅面大小做了严格规定，每一种图纸幅面都有唯一的尺寸。在绘制图形时，设计者应根据图形的大小和复杂程度选择图纸幅面。

设置图形界限的操作方法如下。

选择菜单栏中的"格式"→"图形界限"命令。命令行提示："指定左下角点或〔开(ON)/关(OFF)〕<0.0000,0.0000>:"。

当命令行提示："指定右上角点<420.0000，297.0000>:"时，按空格键，即确定图纸幅面为横 A3。

设置完图形界限后，打开栅格，显示图形界限。

3. 设置图层

在绘制图形时，图层是一个重要的辅助工具，可以用来管理图形中的不同对象。创建图层一般包括设置层名、颜色、线型和线宽。图层的多少需要根据所绘制图形的复杂程度来确定，通常对于一些比较简单的图形，只需分别为辅助线、轮廓线、标注等对象建立图层即可。一般情况下设置五层图层。

4. 设置文字样式

设置文字样式的操作方法如下。

单击"注释"面板的"文字样式"按钮，打开"文字样式"对话框。单击"新建"按钮，创建所需文字样式。一般建立"汉字""西文"两个文字样式。"汉字"样式选用"仿宋-GB 2312"字体，宽度因子为 0.8；"西文"样式选用"gbeitc. shx"字体，宽度因子为 1.0。

5. 设置尺寸标注样式

尺寸标注样式的创建方法已经在项目四的任务二中讲述，在此不再赘述。常用尺寸标注样式的要求及参数见表 5-1-1。

表 5-1-1　常用尺寸标注样式的要求及参数

样式名称	设置要求
建立标注的基础样式：机械样式	尺寸线和延伸线颜色为绿色，将"基线间距"设置为 7，"超出尺寸线"设置为 2.5，"起点偏移量"设置为 0，"箭头大小"设置为 3，弧长符号选择"标注文字的上方"，"文字高度"设置为 3.5，文字颜色为红色。其他选用默认选项
角度	建立机械样式的子尺寸，在标注角度时，尺寸数字是水平的
非圆直径	在机械样式的基础上，在标注任何尺寸时，尺寸数字前都加注符号 φ 的尺寸样式

尺寸标注样式主要用来标注图形中的尺寸，对于不同种类的图形，尺寸标注的要求也不尽相同，通常采用 ISO 标准。

6. 绘制图框线

以 A3 图纸，横向，不留装订边为例。

在使用 AutoCAD 2018 绘图时，图形界限不能直观地显示出来，因此，在绘图时还需要通过图框来确定绘图的范围，使所有的图形绘制在图框线之内。图框通常要小于图形界限，图框到图形界限要留一定的单位，其具体数值要符合国家标准规定。

图框线一般设置为粗实线，如图 5-1-2 所示。

绘制图框线的操作方法如下。

单击"绘图"面板中的"矩形"按钮。

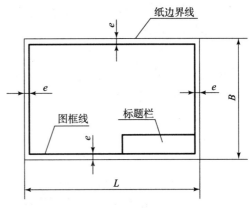

图 5-1-2　绘制图框示例

命令行提示："指定第一个角点或［倒角(C)/标高(E)/圆角(F)/厚度(T)/宽度(W)］:"，输入边框的左下角坐标"10，10"，按 Enter 键。

命令行提示："指定另一个角点或［面积(A)/尺寸(D)/旋转(R)］:"，输入边框的右上角坐标"410，287"，按 Enter 键。

7. 定义表面粗糙度图块

表面粗糙度图块的创建方法在项目四的任务三中讲述过，在此不再赘述。

8. 绘制标题栏

绘制标题栏并将标题栏定义为写块，再将标题栏插到图框右下角，其创建方法已经在项目四的任务四中讲述过，在此不再赘述。

9. 保存样板图

单击菜单"文件"中的"另存为"按钮，打开"图形另存为"对话框，在"文件类型"下拉列表中选择"AutoCAD 图形样板（*.dwt）"选项，在"文件名"文本框中输入"A3 样板图横装"，单击"保存"按钮，打开"样板选项"对话框。在"说明"文本框中输入对样板图形的描述和说明，单击"确定"按钮，返回绘图区，此时就创建好一个标准的 A3 幅面的样板文件。

10. 调用样板图

样板图建立后，就可以在绘图前调用样板文件，在样板文件上绘制新图。调用样板图的操作方法如下。

单击菜单"文件"中的"新建"按钮，打开"选择样板"对话框，在"名称"列表框中选择"A3 样板图横装"，单击"打开"按钮。

三、绘制零件图的步骤

（1）根据零件的尺寸和复杂程度确定绘图比例及图幅。

（2）调用相应的样板文件或新建一张图，设置绘图环境。

（3）按 1∶1 的比例绘图。

（4）进行比例缩放，调整布局。

（5）标注尺寸，注写技术要求。

（6）填写标题栏。

（7）保存文件。

几点说明：

①创建各种图号的模板，并以样板文件形式存盘，以便今后直接调用。

②绘制零件图时，如果比例不是 1∶1，则可事先按 1∶1 进行绘制，这样既可以提高绘图速度，又可以避免出现尺寸错误。当图形绘制完成并检查无误后，再使用"缩放"命令将图形放大或缩小。最后使用"移动"命令对图形进行布局，布局时，应考虑留出尺寸标注的空间。假如绘图比例要求为 1∶2，可先按 1∶1 绘制图形，绘制完成后，再按比例要求缩放 0.5，最后进行尺寸标注。标注尺寸时，要将标注样式中的"测量单位比例"的"比例因子（E）"设成 2。

③如果要在一张图中绘制几个不同比例的图形，应先按 1∶1 比例绘制各图形，然后再按比例要求进行缩放。在标注尺寸时，要建立不同"测量单位比例"的标注样式，分别对各种不同比例的图形进行标注。如果只在一种标注样式中更改"测量单位比例"来标注另一比例的图形，那么前面标注的图形尺寸将被更改。

④为了提高绘图速度，可以先在粗实线层绘制所有图线，最后集中调整。

 任务实施

1. 图形分析

在开始绘图前，应先对图形进行必要的分析，本任务中的零件图主要有以下特点。

（1）轴类零件的主视图一般为上下对称的图形，因此，在绘图时可以先绘制图形的上半部分，再用"MIRROR"命令绘制另一部分，从而加快绘图速度。

（2）键槽、退刀槽、中心孔等可以利用剖视、剖面、局部视图和局部放大图来表示。

（3）对零件图进行尺寸标注时，应先设置尺寸标注的样式，然后再进行标注。

（4）书写技术要求、标题栏等内容时，应先设置文本样式。

2. 创建样板图

（1）设置绘图单位和精度。单位制都采用十进制，长度精度一般为小数点后 1 位，角度精度一般为小数点后 0 位。

（2）设置图形界限。

确定图纸幅面为横 A4。

选择菜单栏中的"格式"→"图形界限"命令。命令行提示："指定左下角点或［开(ON)/关(OFF)］<0.0000,0.0000>:"。

当命令行提示"指定右上角点<297.0000,210.0000>:"时，再按空格键，即确定图纸幅面为横 A4。

设置完图形界限后，打开栅格，显示图形界限。

（3）设置图层。一般设置为 5 个图层。

（4）设置文字样式。

（5）设置尺寸标注样式。

（6）绘制图框线。

单击"绘图"面板中的"矩形"按钮。

输入命令后，命令行提示："指定第一个角点或［倒角（C）/标高（E）/圆角（F）/厚度(T)/宽度（W）］:"，输入边框的左下角坐标"10,10"，按 Enter 键。

命令行提示："指定另一个角点或［面积（A）/尺寸（D）/旋转（R）］:"，输入边框的右上角坐标"287,200"，按 Enter 键。

（7）绘制标题栏并将标题栏定义为属性块，再将标题栏插入图框右下角。

（8）定义表面粗糙度图块。

（9）保存样板图。

（10）调用样板图。

结果如图 5-1-3 所示。

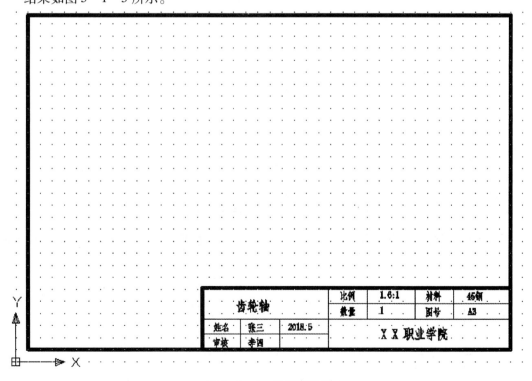

图 5-1-3　样板图示例

3. 开始绘图

1）绘制中心线、轴端线

①将"中心线"图层设置为当前图层。

②打开"正交模式",在图框适当位置使用"LINE"命令绘制一条长 159 mm 的中心线（轴线），中心线两端要各比轴长 5 mm,因此中心线长为 159 mm。

③在距离中心线左端 5 mm 处画一条轴的左端线,端线的长度要大于齿轮轴的最大半径。

④使用"偏移"命令将端线右移 149 mm,即为齿轮轴的右端线,如图 5 - 1 - 4 所示。

图 5 - 1 - 4　绘制中心线、轴线

2）绘制轮廓线

①利用"偏移"命令将轴的左端线依次向右偏移 14 mm、16 mm、28 mm、58 mm、69 mm,如图 5 - 1 - 5 所示。

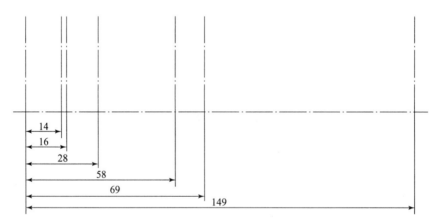

图 5 - 1 - 5　偏移直线

②利用"偏移"命令将轴的水平中心线依次向上偏移 9 mm、10 mm、12 mm、17 mm,如图 5 - 1 - 6 所示。

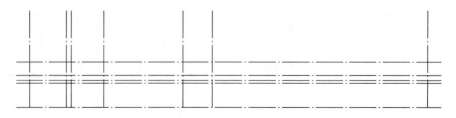

图 5 - 1 - 6　偏移轴的中心线

③单击"修改"面板的"缩放"按钮，将图形适当放大，再利用"修剪""删除"命令将图形进行修剪处理，如图5-1-7所示。

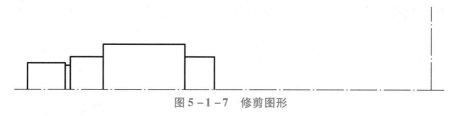

图5-1-7 修剪图形

④用同样的方法绘制齿轮轴右边的轮廓，尺寸如图5-1-1所示。然后将轮廓线改为粗实线，如图5-1-8所示。

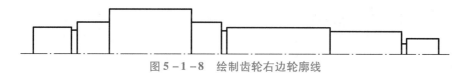

图5-1-8 绘制齿轮右边轮廓线

⑤利用"倒角"命令对边角进行处理，倒角为C1；然后利用"镜像"命令绘制出另一半，如图5-1-9所示。

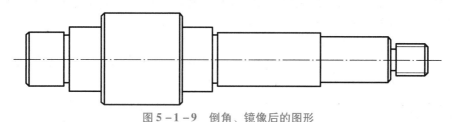

图5-1-9 倒角、镜像后的图形

3）绘制键槽

①单击"修改"面板的"缩放"按钮，将图形适当放大，利用"偏移"命令将直线1依次向右偏移5 mm、20 mm。以这两条线与轴中心线的交点为圆心，绘制直径5 mm的两个圆，如图5-1-10所示。

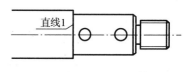

图5-1-10 绘制键槽

②设置"对象捕捉模式"为"切点"，利用"直线"命令绘制键槽上的两条水平线，然后利用"修剪"和"删除"命令对键槽多余的线进行修剪处理。效果如图5-1-11所示。

4）绘制移出断面

①利用"多段线"命令绘制移出断面的剖切符号的上半部分，另一半用"镜像"命令绘制，如图5-1-12所示。

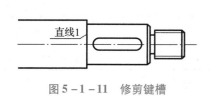

图5-1-11 修剪键槽

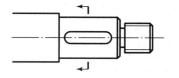

图5-1-12 绘制剖切符号

②将"中心线"图层设置为当前图层，使用"CIRCLE"命令在剖切符号上方绘制直径 17 mm 的圆，然后使用"直线"命令在剖切符号的上方绘制移出断面的中心线。

③利用"偏移"命令将中心线上下各偏移 2.5 mm，左偏移 6.5 mm，如图 5-1-13 所示。

④利用"修剪"和"删除"命令对图形进行修剪处理，然后填充，效果如图 5-1-14 所示。

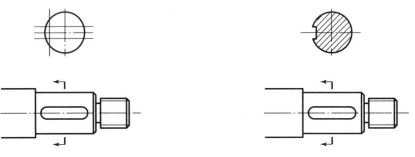

图 5-1-13　绘制移出断面　　　　　图 5-1-14　修剪、填充移出断面

⑤放大样图，单击工具栏的"缩放"按钮，将样图放大 1.6 倍。修改标注样式里的"主单位"的比例因子为 0.625（即 1/1.6）。尺寸标注包括标注基本尺寸、标注极限偏差、标注形位公差、标注表面粗糙度（用插入块即可）。

将"汉字"文字样式设置为当前样式，利用"文字"命令书写技术要求，效果如图 5-1-15 所示。

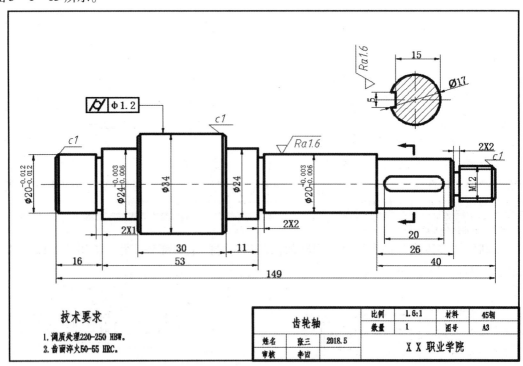

图 5-1-15　绘制阶梯轴样图

6. 保存文件

将文件保存到指定文件夹中。

 知识目标

掌握装配图的相关知识。

了解对象的链接与嵌入。

掌握表格的相关知识。

 能力目标

能够利用 AutoCAD 中的相关命令拼画装配图。

 任务描述

利用所学 AutoCAD 2018 的相关命令分析并绘制如图 5 – 2 – 1 所示的阀体装配图。

 相关知识

一、装配图概述

1. 装配图

装配图用来表达机器的工作原理、装配关系、零件间的连接方式和主要零件的结构等，它包括一组图形、必要的尺寸、技术要求、标题栏、零件序号及明细栏。

绘制装配图最常见的绘制方式是根据已有的零件图绘制装配图。

2. 绘制装配图的步骤

（1）根据装配体的外形尺寸和复杂程度确定绘图比例和图幅。

（2）调用相应的样板文件或新建一张图，设置绘图环境。

（3）按 1∶1 的比例绘制主要零件在装配图中所呈现的形状。

（4）用"移动"命令逐一将各零件的图形按装配关系组合成装配图。

（5）及时修剪、删除多余图线，并补画欠缺的图线和细节。

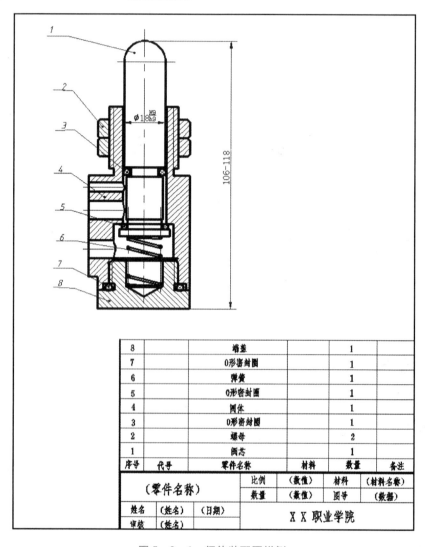

图 5 - 2 - 1 阀体装配图样例

（6）进行比例缩放，调整布局。

（7）建立或修改文字样式、标注样式，标注尺寸和技术要求。

（8）绘制零件序号，填写标题栏和明细栏。

（9）保存文件。

几点说明：

①在绘制各零件的图形时，一定要按照该零件在装配图中所呈现的形状进行绘制，不一定完全按零件图的表达方式绘制。

②如果已经有了完整的零件图文件，可以分别打开，并将其尺寸线层关闭，然后用标准工具栏中的"复制"和"粘贴"命令粘贴到当前文件中，通过"缩放"来统一比例，或者在当前文件中链接或嵌入零件图的文件信息。

再按装配关系将零件图逐一拼为装配图，并及时修剪、删除多余图线，编辑成装配图。

三、对象链接与嵌入

1. 对象链接与嵌入简介

对象链接与嵌入（Object Linking and Embedding，OLE）是一个 Microsoft Windows 的特性，它可以在多种 Windows 应用程序之间进行数据交换，或组合成一个合成文档。Windows 版本的 AutoCAD 系统同样支持该功能，可以将其他 Windows 应用程序的对象链接或嵌入 AutoCAD 图形中，或在其他程序中链接或嵌入 AutoCAD 图形。使用 OLE 命令可以在 AutoCAD 中附加任何类型的文件，如文本文件、电子表格、来自光栅或矢量源的图像、动画文件甚至声音文件等。

链接和嵌入都是把信息从一个文档插入另一个文档中，都可以在合成文档中编辑源信息。它们的区别在于：如果将一个对象作为链接插入 AutoCAD 图形中，则该对象仍保留与源对象的关联。当对源对象或链接对象进行编辑时，两者将都发生改变。而如果将对象"嵌入" AutoCAD 图形中，则它不再保留与源对象的关联。当对源对象或链接对象进行编辑时，彼此并互不影响。

2. 在 AutoCAD 2018 中插入 OLE 对象

用户还可以将整个文件作为 OLE 对象插入 AutoCAD 图形中，执行命令的方法有以下几种。

◎命令行：输入"INSERTOBJ"或"IO"，按 Enter 键。

◎菜单栏：单击"插入"→"OLE 对象"。

输入命令，打开"插入对象"对话框，如图 5-2-2 所示。

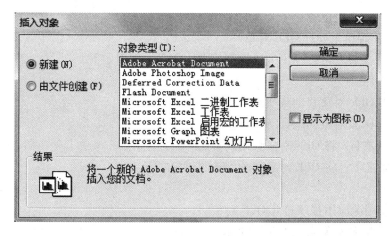

图 5-2-2 "插入对象"对话框

如果在对话框中选中"新建"单选按钮，则 AutoCAD 2018 将创建一个指定类型的 OLE 对象并将它嵌入当前图形中。"对象类型"列表框中给出了系统所支持的链接和嵌入的应用程序。

如果在"插入对象"对话框中选中"从文件创建"单选按钮，则可以指定一个已有的文件作为 OLE 对象插入，如图 5 - 2 - 3 所示。

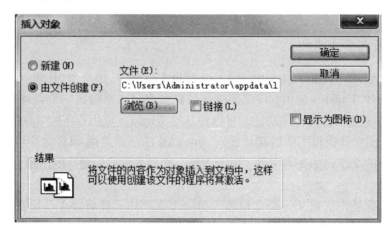

图 5 - 2 - 3　选择"插入对象"对话框中"由文件创建"单选按钮

　　单击"确定"按钮，以确定该文件插入当前图形中。如果勾选"链接"复选框，则该文件以链接的形式插入，否则该文件将以嵌入的形式插入图形中。

　　3. 在 AutoCAD 2018 中处理 OLE 对象

　　AutoCAD 2018 的命令和捕捉方式通常不能用于 OLE 对象，可以采用如下方法来对 OLE 对象进行处理。

　　1）利用光标改变 OLE 对象的尺寸和位置

　　选定 OLE 对象后，其边界将显示为一个带有小方块的矩形框。将光标移到任一方块上并拖动，可相应改变 OLE 对象的尺寸。如果将光标移到 OLE 对象上的其他任意位置并拖动，可将 OLE 对象拖到指定位置。

　　2）利用快捷菜单来处理 OLE 对象

　　选中 OLE 对象后右击，弹出的快捷菜单中的命令的作用如下。

　　（1）绘图次序。

　　①前置：将 OLE 对象移动到所有对象之前。

　　②后置：将 OLE 对象移动到所有对象之后。

　　③置于对象之上：将 OLE 对象移动到参照对象之上。

　　④置于对象之下：将 OLE 对象移动到参照对象之下。

　　（2）OLE。

　　①打开：使用源应用程序打开 OLE 对象。

　　②重置：将 OLE 对象恢复到初始的形状和大小。

　　③文字大小：调整 OLE 对象中的文字大小。

　　④转换：将 OLE 对象转换成其他类型的文件。

　　（3）特性。选择"特性"命令，打开"特性"面板，设置 OLE 对象的颜色、大小、位置等。

4. 改变 OLE 对象的链接设置

对于以链接形式插入的 OLE 对象，AutoCAD 2018 可对其链接设置进行修改。执行该命令的方法有以下几种。

◎命令行：输入"OLELINKS"，按 Enter 键。

◎菜单栏：单击"编辑"→"OLE 链接"。

输入命令，打开"链接"对话框，如图 5 - 2 - 4 所示。

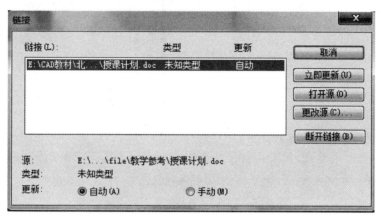

图 5 - 2 - 4　改变 OLE 对象的"链接"对话框

（1）更新方式选中"自动"单选按钮，则源文件发生改变时，OLE 对象也自动更新；选中"手动"单选按钮，则需要用户强制 OLE 对象进行更新，以反映源文件的变化。

（2）"立即更新"按钮：强制对指定的 OLE 对象进行更新。

（3）"打开源"按钮：打开与指定的 OLE 对象相链接的源对象。

（4）"更改源"按钮：更改与指定的 OLE 对象相链接的源对象。

（5）"断开链接"按钮：断开指定的 OLE 对象与其源对象之间的链接，该对象将以嵌入的形式保留在图形中。

二、表格的应用

1. 表格

在 AutoCAD 2018 中，可以使用"创建表格"命令创建表格，而不必使用直线和文字对象绘制表格；也可以从 Microsoft Excel 中直接复制表格，并将其作为 AutoCAD 表格对象粘贴到图形中；还可以从外部直接导入表格对象。此外，也可以输出来自 AutoCAD 的表格数据，以供在 Microsoft Excel 或其他应用程序中使用。

2. 新建表格样式

表格样式控制一个表格的外观。使用表格样式，可以保证表格拥有标准的字体、颜色、文本、高度和行距。可以使用默认的、标准的或者自定义的表格样式来满足需要，并在必要时重用它们。

在 AutoCAD 2018 中，选择"格式"→"表格样式"菜单，或者单击"注释"面板的"表格样式"按钮，打开"表格样式"对话框，如图 5-2-5 所示。

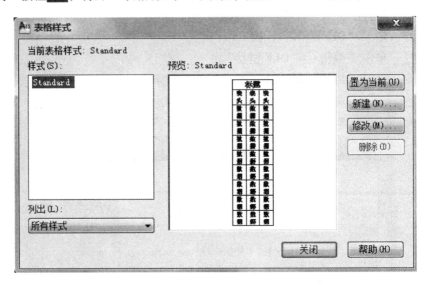

图 5-2-5　"表格样式"对话框

3. 设置表格的数据、列标题和标题样式

打开"创建新的表格样式"对话框，如图 5-2-6 所示，在此对话框中的"新样式名"文本框中输入新样式名，单击"继续"按钮，打开"新建表格样式：Standard 副本"对话框。在"单元样式"选项区的下拉列表中选择"数据""标题"和"表头"选项分别设置其对应的样式，如图 5-2-7 所示。

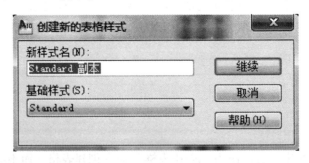

图 5-2-6　"创建新的表格样式"对话框

有关说明：

（1）选择起始表格。用户指定一个已有的表格作为新建表格样式。

（2）表格方向。通过"表格方向"下拉列表框确定表格插入时的方向。

（3）单元样式。"单元样式"用于确定表格单元格格式。

（4）单元样式预览。"单元样式预览"用于预览新创建的表格样式。

图 5 – 2 – 7 "新建表格样式：Standard 副本" 对话框

4. 创建表格

单击"注释"面板的"表格"按钮，或选择"绘图"→"表格"菜单，打开"插入表格"对话框，如图 5 – 2 – 8 所示。

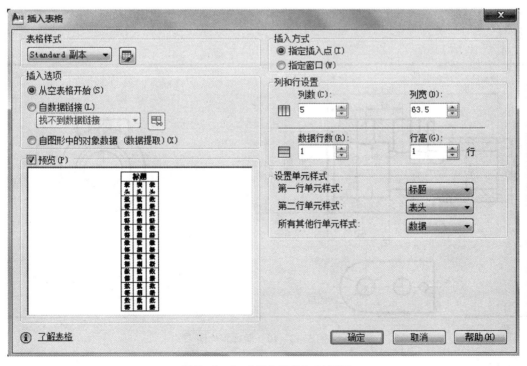

图 5 – 2 – 8 "插入表格" 对话框

任务实施

1. 准备实施

调用 A4 样板图，根据需要对绘图环境进行修改。

2. 绘制零件图

根据图 5 – 2 – 9、图 5 – 2 – 10 和图 5 – 2 – 11 所示零件图，在 A4 图幅中按 1.5∶1 的比例绘制图 5 – 2 – 12 所示装配图。

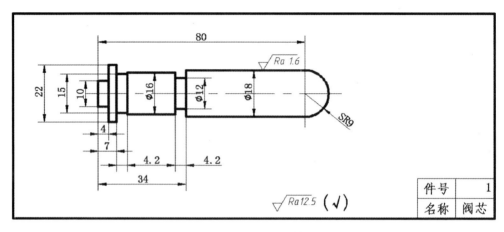

图 5 – 2 – 9　阀芯零件图

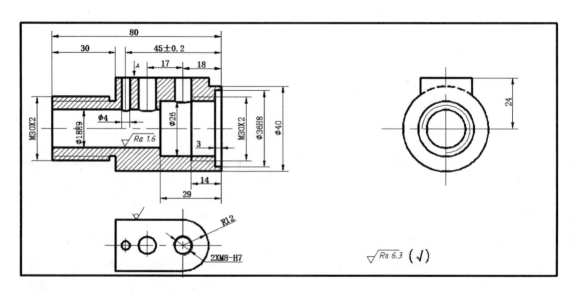

图 5 – 2 – 10　阀体零件图

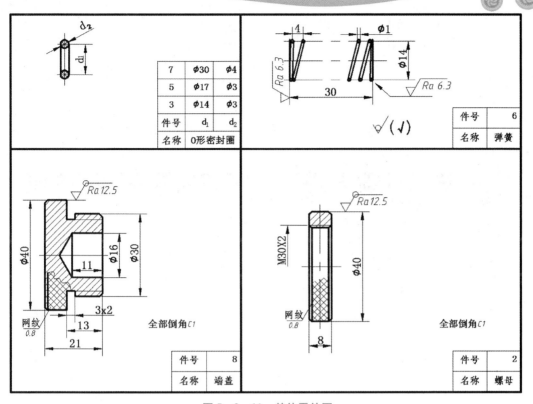

图 5 – 2 – 11　其他零件图

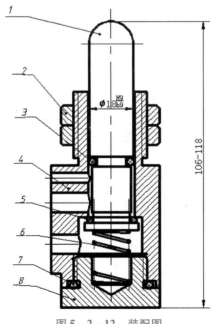

图 5 – 2 – 12　装配图

1）分析

①从图 5 – 2 – 12 所示装配图可以看出，件 4 阀体的主视图与其零件图的主视图基本一致，可以先按零件图的主视图绘制，再经过旋转和镜像获得。

②1 号件阀芯的主视图与其零件图完全一致，可以先按零件图绘制，再经过旋转获得。

③8 号件端盖的主视图与其零件图有所不同，应按全剖绘制，再经过旋转获得。

④其余零件不必单独绘制，可以根据零件图中的尺寸在装配图中直接绘制。

2）绘图

①调用 A4 模板或 A3 模板，将其修改为 A4 图幅。

②按 1∶1 的比例绘制件 4 阀体、件 1 阀芯的主视图和件 8 端盖的全剖主视图，如图 5 - 2 - 13 所示。

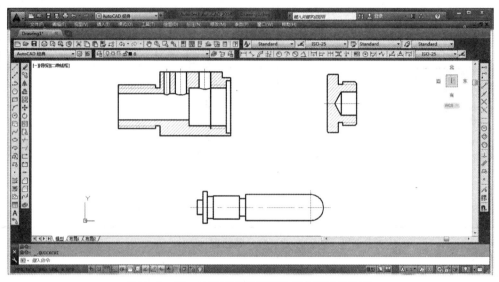

图 5 - 2 - 13　按装配图的需要绘制主要零件图形

③用"旋转""镜像""移动"命令将主要零件按装配关系拼成装配图，如图 5 - 2 - 14 所示。

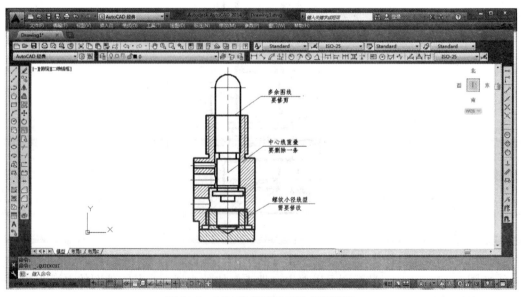

图 5 - 2 - 14　按装配关系拼成装配图

在移动拼图过程中要选好"基点"，以便准确定位。如果定位困难，可以先绘制定位辅助线来帮助定位。

④将主要零件拼凑成装配图后，对被覆盖的线段，应及时修剪或删除；对线型有变化的线段，应及时调整其所在图层。螺纹连接部分应按外螺纹绘制，没连接的部分按各自原来的画法绘制。中心线不能重叠，应删除重叠的中心线。

⑤绘制其他零件。例如，两个螺母、三个 O 形密封圈和弹簧可根据零件图上的尺寸直接在装配图上绘制。

⑥用"缩放"命令将图形放大 1.5 倍后，标注尺寸。

⑦绘制图框，插入标题栏，绘制零件序号和明细栏。

⑧填写标题栏和明细栏。

⑨移动图形，调整布局，双击滚轮，使图形充满屏幕，结果如图 5 - 2 - 15 所示。

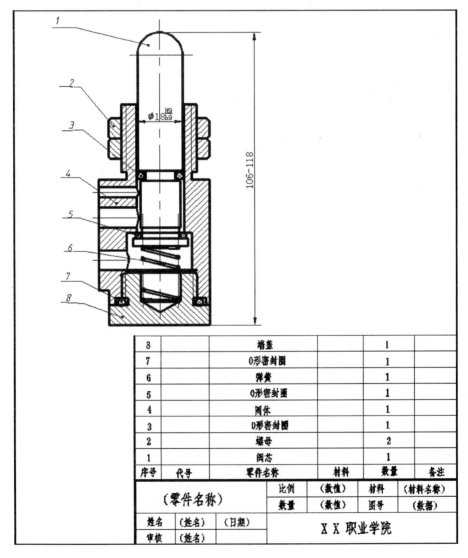

8		端盖		1	
7		O形密封圈		1	
6		弹簧		1	
5		O形密封圈		1	
4		阀体		1	
3		O形密封圈		1	
2		螺母		2	
1		阀芯		1	
序号	代号	零件名称	材料	数量	备注

（零件名称）		比例	（数值）	材料	（材料名称）
		数量	（数值）	图号	（数据）
姓名	（姓名）	（日期）		XX 职业学院	
审核	（姓名）				

图 5 - 2 - 15　完成的装配图

项目六
图形输出和查询

通过本项目的学习，掌握样板图的创建和相关知识，能够绘制零件图和装配图。

任务一　输出阶梯轴的零件图

知识目标

1. 掌握图形的输出方法。
2. 了解模型空间与图纸空间的作用。

能力目标

具备在模型空间中打印图纸的能力；

具备在图纸空间中打印图纸的能力。

任务描述

将项目五的任务一中所绘制的阶梯轴分别在模型空间和图纸空间中打印出图。

相关知识

图形输出是绘图工作的最后一步，对于绘制好的 AutoCAD 图形，可以用绘图仪或打印机输出。图形输出前，必须对输出设备进行配置，确保绘图设备与计算机连接，并装好打印纸，使其处在待机状态。

一、配置输出设备

1. 添加新的输出设备

单击"输出"选项卡"打印"面板中的"绘图仪管理器"按钮，或者单击"文件"下拉菜单中的"绘图仪管理器（M）"选项，打开如图 6 - 1 - 1 所示的"Plotters"文件窗口。

双击"添加绘图仪向导"图标，打开"添加绘图仪 - 简介"对话框，单击"下一步"按钮，打开"添加绘图仪 - 开始"对话框，如图 6 - 1 - 2 所示。

如果要添加系统默认打印机，则选中图 6 - 1 - 2 中的"系统打印机（S）"选项，再按向导逐步完成添加。

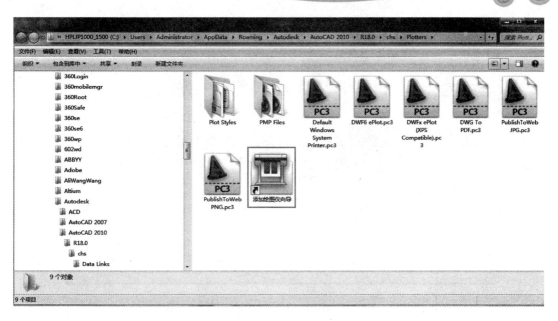

图 6 – 1 – 1 "Plotters"文件窗口

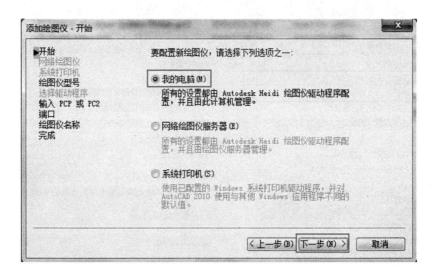

图 6 – 1 – 2 "添加绘图仪 – 开始"对话框

如果要添加专用绘图仪，则单击图 6 – 1 – 2 中的"我的电脑（M）"选项，打开"添加绘图仪 – 绘图仪型号"对话框，如图 6 – 1 – 3 所示。在对话框中选择正确的"生产商"及"型号"，其他均选默认值，逐步完成添加。

2. 配置 AutoCAD 2018 默认打印机

单击"浏览菜单"中的"选项"按钮，打开"选项"对话框，单击"打印和发布"选项卡，如图 6 – 1 – 4 所示。在"新图形的默认打印设置"区选择"用作默认输出设备（V）"选项，在下拉列表中选择打印机的名称，单击"确定"按钮即可。

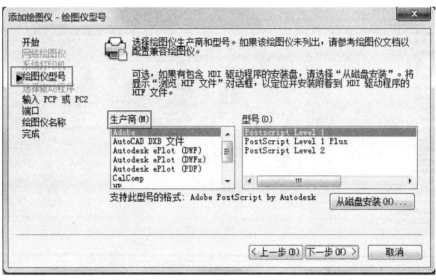

图 6-1-3 "添加绘图仪-绘图仪型号"对话框

图 6-1-4 "选项"对话框"打印和发布"选项卡

二、模型空间输出

AutoCAD 2018 提供了两个工作空间，分别是模型空间和图纸空间，如图 6－1－5 所示。

图 6－1－5　模型空间和图纸空间切换按钮

1. 模型空间概述

模型空间类似于实际生活中的三维世界，无论是二维还是三维图形，都可以不受限制地按照物体的实际尺寸在其中绘制。对于空间物体，可以从不同角度去观察和构造，并能根据需求用多个二维或三维视图来表示物体，全方位地显示图形对象。因此，AutoCAD 2018 通常是在模型空间中工作。

在模型空间中打印输出时，先进行页面设置，确定打印设备。

2. 页面参数设置

单击"输出"选项卡"打印"面板中的"页面设置管理器"按钮 ，或单击"文件"菜单中的"页面设置管理器（G）"选项，打开"页面设置管理器"对话框，如图 6－1－6 所示。

单击"新建（N）"按钮，打开"新建页面设置"对话框，如图 6－1－7 所示。在"新页面设置名（N）"文本框中输入新的名称，并单击"确定（O）"按钮，打开"页面设置－模型"对话框，如图 6－1－8 所示。

下面介绍对话框中主要选项的功能。

（1）"打印机/绘图仪"区：在"打印机/绘图仪"区的下拉列表框中选择作为当前打印机/绘图仪的名称。

图 6-1-6 "页面设置管理器"对话框

图 6-1-7 "新建页面设置"对话框

（2）"图纸尺寸（Z）"区：在"图纸尺寸（Z）"区的下拉列表中选择图纸幅面。

（3）"打印区域"区：在"打印区域"区选择"打印范围（W）"，有如下三个选项。

①"窗口"：通过指定一个窗口作为打印的区域。

②"图形界限"：以当前的默认图形界限作为打印区域。

③"显示"：打印当前显示的图形。

（4）"打印偏移"区：确定打印区域相对于图纸左下角点的偏移量。若选择"居中打印（C）"，则图形将放置在图纸中央打印。

（5）"打印比例"区：设置图形的打印比例。

（6）"打印样式表（画笔指定）（G）"区：选择、编辑打印样式。在下拉列表中选择某

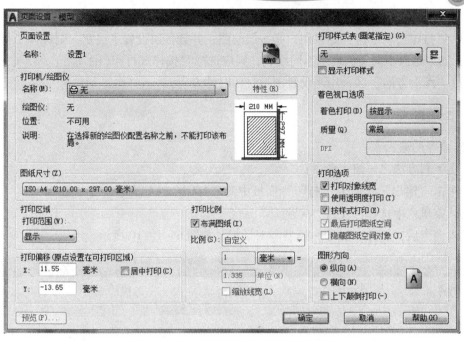

图6-1-8 "页面设置-模型"对话框

一打印样式后单击"编辑"按钮，则打开"打印样式表编辑器"对话框，如图6-1-9所示。在对话框中可以设置打印的颜色和某种颜色对应的线宽。

图6-1-9 "打印样式表编辑器"对话框

（7）"着色视口选项"区：用于控制输出打印三维图形时的打印模式。

（8）"打印选项"区：如果用户是按层绘图，并且各层设置了线宽，则选择"打印对象线宽"；如果是以不同颜色表示不同线宽，则应选择"按样式打印（E）"。

（9）"图形方向"区：用来设置图形打印时的方向。

3. 图形打印

1）命令的输入

可用下列方法之一输入命令：

①单击"输出"选项卡"打印"面板中的"打印"按钮。

②从菜单栏中选择"文件"→"打印"命令。

输入命令后，打开"打印－模型"对话框，如图 6－1－10 所示。

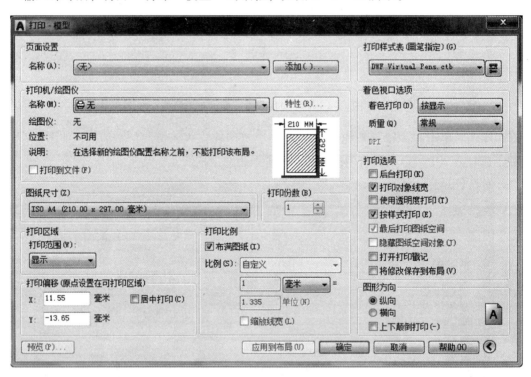

图 6－1－10 "打印－模型"对话框

2）参数设置

在"打印－模型"对话框"页面设置"区的"名称（A）"下拉列表中指定页面设置后，对话框中将显示已设置好的"页面设置"内容。如果打印之前没有进行页面设置，可直接在"打印－模型"对话框中进行相应设置。如果单击位于右下角的"更多选项"按钮，可以展开"打印－模型"对话框，做进一步设置。

打印参数设置完成后，可单击"预览（P）…"按钮，预览打印效果，在预览窗口中右击，选择"退出"可退出预览，或者按 Esc 键直接退出预览状态。如果预览效果不理想，可调整参数设置，直到满意为止。

三、图纸空间输出

1. 图纸空间概述

图纸空间可以看作是由一张图纸构成的平面，且该平面与绘图屏幕平行。在图纸空间可以对绘制好的图形进行编辑、排列，给图纸加上图框、标题栏或进行必要的文字、尺寸标注等，然后打印输出。

2. 设置布局

在 AutoCAD 2018 中，可以创建多种布局，利用布局可以方便、快捷地创建多张不同方案的图纸，因此，在一个图形文件中，模型空间只有一个，而布局可以设置多个。

1）布局的创建

选择"工具"→"向导"→"创建布局"菜单，打开"创建布局 – 开始"对话框，如图 6 – 1 – 11 所示。在该对话框中，可以指定打印设备、确定图纸尺寸和图形的打印方向、选择布局中使用的标题栏或定义视口。单击"下一步"按钮，对相应参数进行设置，最后单击"完成"按钮，完成对布局的创建，如图 6 – 1 – 12 所示。

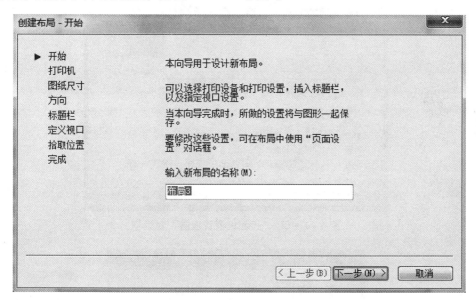

图 6 – 1 – 11 "创建布局 – 开始"对话框

2）布局的页面设置

选择一个布局，如布局 1，打开工作界面，右击"布局 1"标签，在弹出的快捷菜单中选择"页面设置管理器"命令，打开"页面设置管理器"对话框，如图 6 – 1 – 13 所示。单击"新建"按钮，打开"新建页面设置"对话框，如图 6 – 1 – 14 所示。在"新页面设置名"文本框中输入页面设置的名称，单击"确定"按钮，打开"页面设置 – 布局 1"对话框，如图 6 – 1 – 15 所示。在该对话框中对相应参数进行设置，然后单击"确定"按钮，返回"页面设置管理器"对话框。

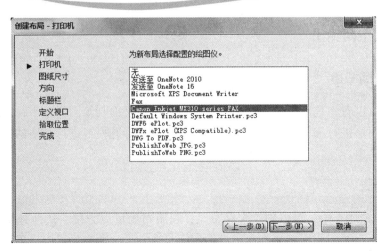

图 6 – 1 – 12 "创建布局 – 打印机"对话框

图 6 – 1 – 13 "页面设置管理器"对话框

图 6 – 1 – 14 "新建页面设置"对话框

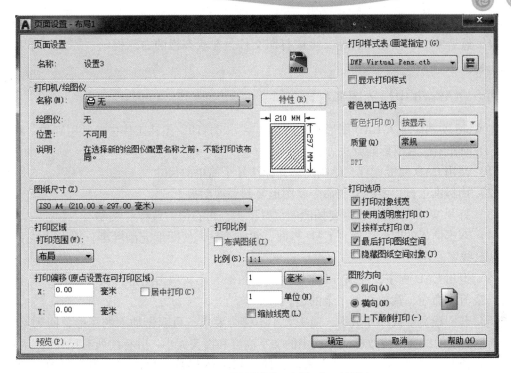

图 6-1-15 "页面设置-布局1"对话框

3. 图纸空间图形的输出

（1）打开"打印-布局1"对话框，如图 6-1-16 所示。

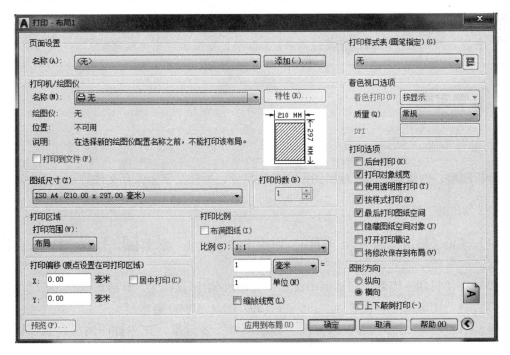

图 6-1-16 "打印-布局1"对话框

（2）生成打印文件。单击"确定"按钮，打开"文件另存为"对话框，对相应参数进行设置，然后单击"保存"按钮，生成打印文件，在状态栏的右侧提示"完成打印和发布作业"。

四、在 Word 中插入图形打印

在 Word 文档中插入 CAD 图形，然后与文字一起打印，是在工作中经常用到的一种出图形式。下面介绍插入图形的方法。

（1）调用 CAD 模板文件，绘制图形并标注几个简单的尺寸。

（2）用标准工具栏中的复制命令将图形复制到剪贴板上。

（3）打开 Word 文档，在需要插图的位置单击，再右击，选择"粘贴"。

（4）双击插入的图形，回到 CAD 界面，双击滚轮，使图形充满屏幕，单击"线宽"按钮，显示线宽。

（5）退出 CAD 程序，在 Word 文档中调整图形大小，单击图形，从"图片"工具栏中单击"裁剪"命令，裁剪图形多余的边。

（6）若图线宽度或尺寸数字、箭头大小不符合要求，可双击插入的图形，回到 CAD 界面，调整图层的线宽，修改标注样式中的文字高度和箭头大小，并标注所有尺寸。

（7）修改完成后，一定要双击滚轮，使图形充满屏幕，单击"保存"按钮，然后退出 CAD。

（8）调整至满意后，即可单击 Word 中的"打印"命令进行打印。

【提示】将 CAD 图形插入 Word 文档中打印，图形比例将发生变化。但对于一张简单的图样，即使没有标注比例，只要尺寸、技术要求齐全，是不会影响加工生产的。所以，对于较小的图，将其插入 A4 页面中打印在生产中比较常见。

任务实施

1. 准备实施

分析图形，创建样板图，绘制图形，标注尺寸，标注文字，保存文件。

2. 打印

（1）单击"输出"选项卡"打印"面板中的"打印"按钮，打开"打印－模型"对话框。

（2）在"打印－模型"对话框中设置"打印机/绘图仪"为"DWF6 ePlot. pc3"。

（3）将"图纸尺寸"设置为"ISO A4（297.00×210.00 毫米）"。

（4）在"打印比例"选项区勾选"布满图纸"复选框，在"打印偏移"选项区勾选"居中打印"复选框。

（5）在"打印范围"下拉列表框中选择"窗口"选项，在绘图区选择图框对角点。

（6）单击"预览"按钮，打开预览窗口。

（7）如果对预览结果满意，则按 Esc 键关闭预览窗口，返回"打印－模型"对话框。

（8）单击"确定"按钮，打开"浏览打印文件"对话框，选择文件的保存路径，单击"保存"按钮。

（9）打印文件生成后，在屏幕右下角显示"完成打印和发布作业"。

任务二　查询棘轮阴影部分的面积

 知识目标

掌握边界的创建方式。

掌握"面域"的使用方法。

掌握布尔运算的方法。

掌握 AutoCAD 2018 的图形的距离、面积、周长的查询方法。

 能力目标

具备查询图形对象的距离、面积、周长等信息的能力。

 任务描述

按照图 6－2－1 的尺寸绘制棘轮，将其生成面域后如图 6－2－2 所示，然后查询阴影部分的面积。

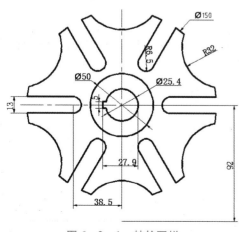

图 6－2－1　棘轮图样

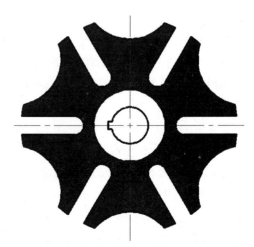

图 6－2－2　计算棘轮蓝色区域面积样例

 相关知识

一、创建面域

1. 概述

"面域"可将由直线、圆弧、圆、椭圆弧、椭圆和样条曲线等命令绘制的线框修改为平面，以便拉伸为实体。"面域"具有物理特性（例如质心）的二维封闭区域，可用于应用填充和着色、计算面域或三维实体的质量特性，以及提取设计信息（例如形心）。

2. 执行命令的方法

◎"绘图"面板：单击"面域"按钮 ◙。
◎命令行：输入"REGION"或"REG"，按 Enter 键。
◎菜单栏：单击"绘图"→"面域"。

3. 操作步骤

用基本绘图命令绘制、编辑要拉伸或旋转的图形线框。
输入"面域"命令，命令行提示："选择对象:"。
选择要面域的线框对象，右击确定后，命令行提示："已创建 1 个面域"。此时，图形由线框变成平面。

> 【提示】若系统提示："已创建 0 个面域"，则说明绘制的图形线框不正确，应查明原因后重新定义。

二、创建边界

1. 功能

"边界"命令，能够从封闭区域创建面域或多线段。它能根据封闭区域内的任一指定点来自动分析该区域的轮廓，并以多段线或面域的形式保存。

2. 执行命令的方法

◎"绘图"面板：单击"边界"按钮 ▣。
◎命令行：输入"BOUNDARY"或"BO"，按 Enter 键。
◎菜单栏：单击"绘图"→"边界"。

3. 操作步骤

输入命令后，弹出"边界创建"对话框，如图 6-2-3 所示。选择"对象类型"后，

单击拾取点，选择需要创建面域的封闭区域，按 Enter 键。

三、布尔运算

1. 并运算

1）功能

"并集"命令将多个面域或实体合并为一个新面域或实体。操作对象既可以是相交的，也可以是分离开的。

2）执行命令的方法

◎"实体编辑"工具栏：单击"并集"按钮。

图 6-2-3　"边界创建"对话框

◎命令行：输入"UNION"，按 Enter 键。

◎菜单栏：单击"修改"→"实体编辑"→"并集"。

3）操作步骤

输入命令，命令行提示："选择对象："，选择要合并的对象。

命令行提示："选择对象："，选择要合并的另一个对象。

按 Enter 键或右击确定。

2. 差运算

1）功能

利用"差集"命令，可以从一个面域或实体选择集中减去另一个面域或实体选择集，从而创建一个新的面域或实体。

2）执行命令的方法

◎"实体编辑"工具栏：单击"差集"按钮。

◎命令行：输入"SUBTRACT"，按 Enter 键。

◎菜单栏：单击"修改"→"实体编辑"→"差集"。

3）操作步骤

输入命令，命令行显示："命令:_subtract"，选择要从中减去的实体、曲面和面域等。

命令行提示："选择对象："，选择要减去的实体对象或面域。

按 Enter 键或右击确定。

3. 交运算

1）功能

利用"交集"命令，能够将多个面域或实体相交的部分创建为一个新面域或实体。

2）执行命令的方法

◎"实体编辑"工具栏：单击"交集"按钮。

◎命令行：输入"INTERSECT"，按 Enter 键。

◎菜单栏：单击"修改"→"实体编辑"→"交集"。

3）操作步骤

输入命令，命令行提示："选择对象："，选择相交的对象。

命令行提示："选择对象："，选择相交的另一个对象。

按 Enter 键或右击确定。

四、面域的查询

1. 有关查询的知识

面域对象除了具有一般图形对象的属性外，还具有面对象的属性，其中一个重要的属性就是质量特性。"查询"菜单可以完成相关的属性查询，如面积、周长、质心、X 轴方向的增量、Y 轴方向的增量等，如图 6 – 2 – 4 所示。

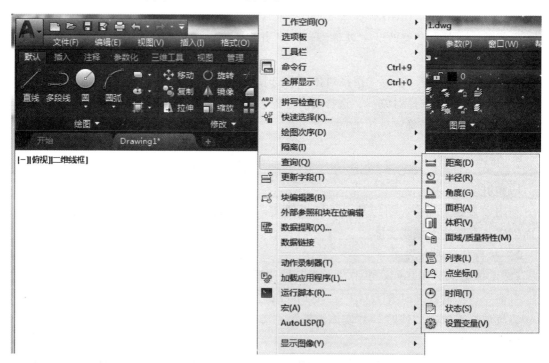

图 6 – 2 – 4 "查询"菜单

2. 查询距离命令

选择"工具"→"查询"→"距离"菜单，或单击"实用工具"面板的"测量"按钮。

命令行提示："指定第一点："，指定所要查询对象的第一点位置。

命令行提示："指定第二点："，指定所要查询对象的第二点位置。

此时命令行提示如下（以 XY 平面查询为例）：

距离 = 当前值，XY 平面中的倾角 = 当前值，与 XY 平面的夹角 = 0，X 增量 = 当前值，Y

增量 = 当前值，Z 增量 = 0.0000。

3. 查询坐标命令

选择"工具"→"查询"→"点坐标"菜单，或单击"实用工具"面板的"点坐标"按钮 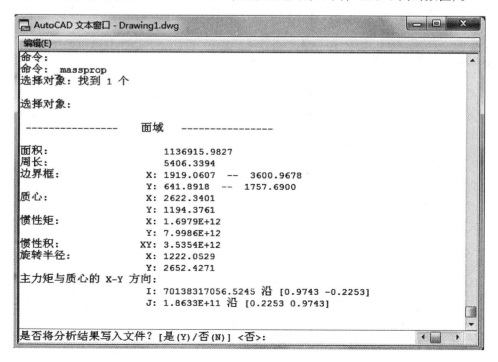。

命令行提示："_id 指定点："，指定所要查询对象的点。

此时命令行提示如下（以 XY 平面查询为例）：

X 增量 = 当前值，Y 增量 = 当前值，Z 增量 = 0.0000。

4. 查询面积命令

选择"工具"→"查询"→"面积"菜单，选择要提取数据的面域对象，然后按 Enter 键，系统将显示选择的面域对象的数据特性。

命令行提示："指定第一个角点或 ［对象(O)/加(A)/减(S)］："，一般首选加模式。

命令行中"对象"选项的作用是选择运算对象，"减"选项的作用是面积减模式，"加"选项的作用是面积加模式。

5. 查询面域/质量特性命令

选择"工具"→"查询"→"面域/质量特性"菜单，命令行提示："选择对象："，选择对象，可选择多个对象。

分析结果显示窗口如图 6 – 2 – 5 所示（根据所选对象不同，显示不同的数值）。

图 6 – 2 – 5　"面域/质量特性"结果显示对话框

【提示】当导入 AutoCAD 图形（或者其他由三维软件生成的工程制图）时，如果图形没有给出尺寸标注等基本信息，可以使用查询工具，得到相关的尺寸信息。

任务实施

1. 准备实施

根据图 6-2-1 创建面域。

2. 查询面积

选择"工具"→"查询"→"面积"菜单，命令行提示："指定第一个角点或［对象(O)/加(A)/减(S)］："，输入"A"，按 Enter 键。

命令行提示："指定第一个角点或［对象(O)/减(S)］："，输入"O"，按 Enter 键。

命令行提示："（'加'模式）选择对象："，单击棘轮轮廓多段线，求面积。

面积 = 11 445.514 2，周长 = 983.608 4

总面积 = 11 445.514 2

命令行提示："（'加'模式）选择对象："，按 Enter 键。

命令行提示："指定第一个角点或［对象(O)/减(S)］："，输入"S"。

命令行提示："指定第一个角点或［对象(O)/加(A)］："，输入"O"。

命令行提示："（'减'模式）选择对象："，单击 50 mm 的圆。

面积 = 1 963.495 4，圆周长 = 157.079 6

总面积 = 9 482.018 8

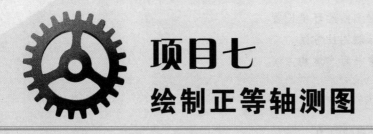

项目七

绘制正等轴测图

通过本项目的学习，掌握正等轴测图的环境设置及绘制方法，能够绘制正等轴测图。

知识目标

1. 掌握绘制正等轴测图的环境设置。
2. 掌握绘制正等轴测图的方法。
3. 掌握在轴测图中书写文本的方法。

 能力目标

具备绘制正等轴测图的能力。

 任务描述

绘制轴测图，如图 7 - 0 - 1 所示，利用绘图辅助功能（如极轴追踪、平行线等）、"直线"命令、"多段线"及其编辑命令，按照三视图所给尺寸，在正等轴测图绘制环境下完成该图例，最后利用"删除""修剪"命令整理图形。

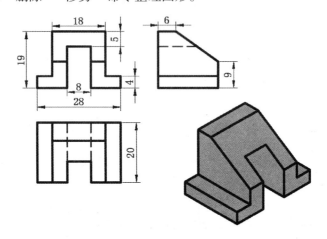

图 7 - 0 - 1 绘制轴测图样例

 **相关知识**

一、正等轴测图的环境设置

用平行投影法将物体连同确定该物体的直角坐标系一起沿不平行于任一坐标平面的方向投射到一个投影面上，所得到的图形称作轴测图。轴测图是二维图形，它的投影原理与基本视图的投影原理相同，只是投影方向有所调整。

单击状态栏的"等轴测草图"按钮 ，如图 7 - 0 - 2（a）所示。将绘图光标转换成轴测图绘制状态。单击状态栏的"等轴测草图"右侧的按钮 ，展开如图 7 - 0 - 2（b）所示的选项，单击选项改变光标。也可以使用快捷键 Ctrl + E 或快捷键 F5，按一次，光标变化一次，如图 7 - 0 - 3 所示。

图 7 - 0 - 2　状态栏的"等轴测草图"按钮

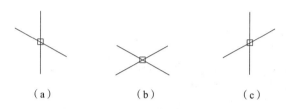

图 7 - 0 - 3　三个平面中的关联轴

（a）*YOZ* 面；（b）*XOY* 面；（c）*XOZ* 面

二、正等轴测图的绘制方法

1. 线段的画法

正等轴测图的线段有与轴测轴平行和不平行的，因此绘制方法有两种。

1）极轴追踪法

单击状态栏中的"按指定角度限制"按钮 ⬦ 右侧的▼，在弹出的选项中选择"正在追踪设置…"，打开"草图设置"对话框，在"极轴追踪"选项卡中勾选"启用极轴追踪"复选框，将"增量角"设置为30°，如图 7 - 0 - 4 所示，然后单击"确定"按钮，可绘制30°的倍数线。

2）正交模式控制法

使用这种方式绘制直线，须打开"正交限制光标"。绘制直线时，光标自动沿30°、90°和150°方向移动，可绘制与轴测轴平行的线段。绘制与轴测轴不平行的线段时，先关闭正交模式，然后找出直线上的两点，连接这两个点即可。

2. 轴测圆的画法

圆的轴测图是椭圆，当圆位于不同的轴测面时，椭圆的长轴和短轴的位置是不同的，如图 7 - 0 - 5 所示。

1）利用 ELLIPSE 椭圆命令画轴测圆

在命令行输入"ELLIPSE"，按 Enter 键。

图 7 - 0 - 4　在"极轴追踪"选项卡中设置增量角

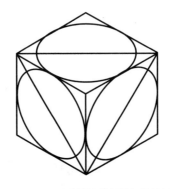

图 7 - 0 - 5　不同轴测平面内的轴测图

命令行提示："指定椭圆轴的端点或［圆弧（A）/中心点（C）/等轴测圆（I）］："，输入"I"，按 Enter 键。

命令行提示："指定等轴测圆的圆心："，指定圆心。

命令行提示："指定等轴测圆的半径或［直径（D）］："，输入半径值，按 Enter 键。

2）单击"绘图"工具栏中的"椭圆"按钮画轴测圆

利用这种方式画轴测圆和利用"ELLIPSE"命令画轴测圆的操作步骤相同。

【提示】在轴测面内绘制平行线，不能直接用"OFFSET"命令，因为"OFFSET"命令偏移的距离为两线之间的垂直距离，而此时的绘图环境是沿30°方向，因此距离不是垂直距离。

三、在轴测图中书写文本

1. 设置文字的倾斜度

1）执行命令的方法

◎"注释"面板：单击"文字样式"按钮。

◎命令行：输入"STYLE"，按 Enter 键。

◎菜单栏：单击"格式"→"文字样式"。

2）操作步骤

选择"格式"→"文字样式"菜单，打开"文字样式"对话框。在该对话框中，设置"倾斜角度"为"30"，如图 7 - 0 - 6 所示，然后单击"应用"按钮，再单击"关闭"按钮。

图 7 - 0 - 6 轴测图中的"文字样式"设置

2. 轴测面上文本的倾斜规律

（1）在左轴测面（YOZ 面）上，文本须采用 - 30°倾斜角，同时用"旋转"命令旋转 - 30°的角。

（2）在右轴测面（XOZ 面）上，文本须采用 30°倾斜角，同时用"旋转"命令旋转 30°的角。

（3）在顶轴测面（XOY 面）上，平行于 X 轴时，文本须采用 - 30°倾斜角，同时用旋转命令旋转 30°的角；平行于 Y 轴时，文本需采用 30°倾斜角，同时用旋转命令旋转 - 30°的角。效果如图 7 - 0 - 7 所示。

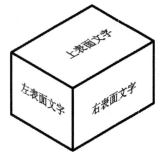

图 7 - 0 - 7 各轴测面上的文字效果

任务实施

1. 准备实施

（1）设置正等轴测图的环境。

（2）打开正交模式，按快捷键 F5 或 Ctrl + E 切换至 *XOY* 面。

2. 绘图

（1）利用"直线"命令绘制底面，长 28 mm，宽 20 mm，如图 7 - 0 - 8（a）所示。沿 *Z* 轴向上复制底面，距离为 4 mm，并删除不可见的线，如图 7 - 0 - 8（b）所示。

（2）按快捷键 F5 或快捷键 Ctrl + E 切换至 *YOZ* 面，绘制形体的左表面，修剪不可见线，如图 7 - 0 - 8（c）所示。

（3）沿 *X* 轴方向复制左表面，距离为 18 mm，连接各棱线，修剪或删除不可见线，如图 7 - 0 - 8（d）所示。

（4）开槽，宽为 8 mm，用"修剪"和"删除"命令除去多余的线，如图 7 - 0 - 8（e）所示。

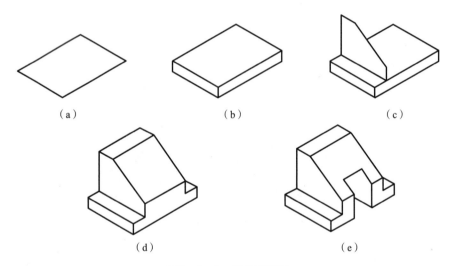

（a）　　　　　　　　　　　（b）　　　　　　　　　　　（c）

（d）　　　　　　　　　　　（e）

图 7 - 0 - 8　绘制步骤图

项目八
绘制三维图

　　通过本项目的学习，了解三维绘图环境；掌握三维绘图的基本命令；熟练绘制基本实体；熟悉对三维实体的操作和编辑；能够绘制组合实体模型。

任务一 绘制基本实体

知识目标

了解三维绘图环境及观察方法。

了解三维空间中定位点的方法。

掌握三维绘图的基本命令。

能力目标

熟练绘制基本实体。

任务描述

绘制如图 8 – 1 – 1 所示的窥油孔盖,其中盖的尺寸为 40 mm × 30 mm × 10 mm,孔对称分布,中心距长与宽分别为 7.5 mm 和 10 mm。

图 8 – 1 – 1 窥油孔盖样例

相关知识

在 AutoCAD 2018 中,所有的三维绘图工作都是在"三维建模"工作空间完成的,因此将工作空间切换为三维建模。在状态栏单击"切换模型空间"按钮■,就可以将"二维草图与注释"空间切换到"三维建模"空间,如图 8 – 1 – 2 所示。

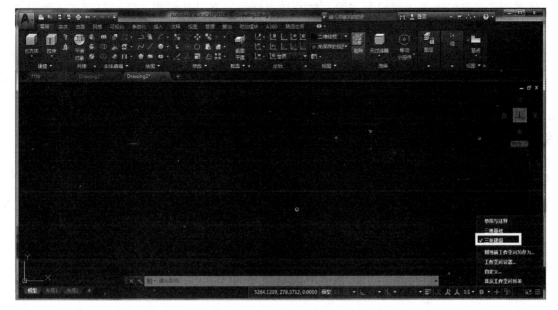

图 8 - 1 - 2 AutoCAD 2018 三维建模工作空间界面

一、三维模型的分类

在 AutoCAD 2018 中，用户可以创建实体模型、曲面模型和网格模型 3 种类型的三维模型，如图 8 - 1 - 3 所示。

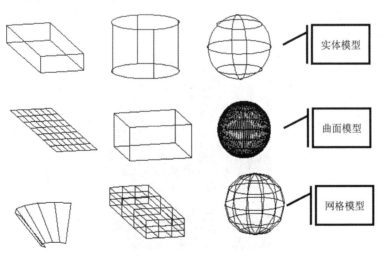

图 8 - 1 - 3 实体、曲面和网格模型样例

1. 实体模型的特点与绘制方法

实体模型是具有质量、体积、重心和惯性矩等特性的三维表示，用户可以分析实体的质量特性并输出数据，以用于数控铣削或 FEM（有限元法）分析。用户既可以直接创建长方体、球体、锥体等基本实体，还可以通过旋转、拉伸二维对象创建三维实体。此外，通过对

实体进行各种布尔操作（如对象相加、相减和求交集）和其他编辑，还可以得到各种复杂的实体对象。

2. 曲面模型的特点与绘制方法

顾名思义，曲面模型只有面信息，而没有体信息。在 AutoCAD 中，可以通过拉伸或旋转平面对象创建曲面模型，也可以利用网格建模功能创建网格，然后将其转换为曲面。对于创建好的曲面，还可以通过对其进行加厚，使其成为实体。

3. 网格模型的特点与绘制方法

网格模型使用多边形（包括三角形和四边形）来定义三维形状的顶点、边和面。但是，与实体模型不同，网格没有质量特性。

在 AutoCAD 2018 中，可以借助"网格建模"选项卡中的"图元"面板来创建长方体、球体、圆锥体、棱锥体、旋转曲面、边界曲面、直纹曲面等网格。可以对网格模型进行多种编辑。

二、平面视图与三维视图

在 AutoCAD 中，从不同角度观察三维对象时（称观察图形的位置和方向为视点），可以得到不同的观察效果，因此，要想绘制好三维图形，必须首先了解各种三维视图的意义。

例如，在绘制三维零件图时，如果 Z 轴垂直于屏幕（即当前视点位于屏幕正前方），此时仅能看到零件在 XY 平面上的投影，如图 8 – 1 – 4（a）所示。如果在"可视化"选项卡"视图"面板中的"视图"列表中选择"西南等轴测"选项（如图 8 – 1 – 4（b）所示），则将视点调至当前坐标系的西南方，此时将看到一个立体图形，如图 8 – 1 – 4（c）所示。

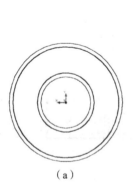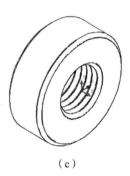

（a）　　　　　　　　　　（b）　　　　　　　　　　（c）

图 8 – 1 – 4　零件在平面视图和等轴测视图中的显示效果

利用各种等轴测视图，可以从不同方向观察物体的立体形状。例如，俯视图显示了从 Z 轴正向看到的画面（这也是 AutoCAD 默认的绘图平面），前视图表示从 Y 正向看到的画面。

在绘制三维图形时，尽管能够利用等轴测视图来观察三维对象的全貌，但是，在很多情况下却难以判断各对象之间的相对位置，此时就需要借助各种正交视图进行判断了。例如，在图 8 – 1 – 5 中，图 8 – 1 – 5（a）为图形的西南等轴测视图，由该图可以看出，两个立体似乎是相交的。但事实上是不是这样呢？图 8 – 1 – 5（b）显示了该图形的俯视图，由该图可以看出，圆柱和球体实际上是不相交的。

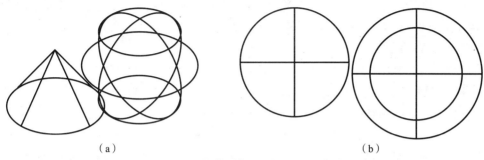

图 8 – 1 – 5　立体对象之间相对位置的判断

因此，在绘制三维图形时，经常会受到视觉的"欺骗"，这也正是在绘制三维图形时，必须借助对象捕捉、输入坐标值等手段来定位点的原因。

三、三维空间中定位点的方法

在绘制平面图形时，可以通过输入坐标、极轴追踪、对象捕捉、对象捕捉追踪等方法来定位点。而在绘制三维图形时，由于涉及空间，点的定位稍微复杂一些。下面是一些在三维空间中定位点的方法。

1. 利用动态 UCS 来定位点

单击状态栏右侧按钮▤，打开动态 UCS，状态栏上显示"将 UCS 捕捉到活动实体平面"开关▤，利用该功能可将捕捉到的平面作为临时坐标系的 XY 平面，而通过捕捉该平面上的相关点并单击或直接简单地单击来确定临时坐标系的原点。

例如，要在一个长方体上面绘制一个圆锥，可首先绘制长方体，然后在长方体的上表面捕捉平面单击，如图 8 – 1 – 6（a）所示，生成临时坐标系，再确定圆锥底面的半径和高度，绘制出与长方体上表面相连接的圆锥体，如图 8 – 1 – 6（b）所示。

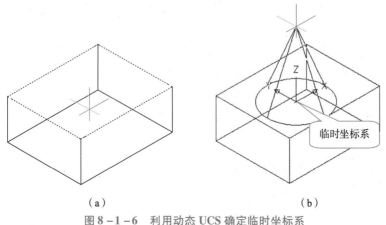

（a）　　　　　　　　　　　（b）

图 8 – 1 – 6　利用动态 UCS 确定临时坐标系

2. 利用三维坐标来定位点

绘制平面图形时，可以使用点的 X、Y 坐标来定位点。例如（20，30），其中 20 为 X 坐标，30 为 Y 坐标，Z 坐标未指明，其数值为 0。但在绘制三维图形时，通常需要给出三个数值来指明点的 X、Y 和 Z 坐标，如（20，30，40）。如果不给出 Z 坐标，其默认值为 0，表示点位于当前 XY 平面。

【提示】如果点的 Z 坐标为 0，表示在当前坐标系的 XY 平面上画图；如果点的 Z 坐标不为 0，表示在当前坐标系的 XY 平行平面上画图。

此外，绘制三维图形时，默认情况下所绘图形将位于当前坐标系的 XY 平面上。因此，在创建一些复杂的模型时，需要经常变换坐标系。可以单击"坐标"面板中的相应按钮来变换坐标系，如图 8-1-7 所示。

图 8-1-7　坐标面板

各按钮的作用如下：

➤ 世界 ：从当前的用户坐标系恢复到世界坐标系。

➤ 原点 ：设置坐标原点。新坐标系将平行于原 UCS 坐标系，坐标轴的方向不变。

➤ X 、Y 、Z ：将当前 UCS 坐标系按指定的角度绕 X、Y、Z 轴旋转，以便建立新的 UCS 坐标系。

➤ Z 轴矢量 ：通过定义 Z 轴的正向来设置当前 XY 平面。这时需要选择两点：第一点被作为新的坐标系原点，第二点决定 Z 轴的正向，XY 平面垂直于新的 Z 轴。

➤ 视图 ：将当前的 UCS 设置为平行于当前视图，原点不变。在注释当前视图且要使文字以平面方式显示时，该选项十分有用。

➤ 对象 ：根据选取的对象创建 UCS。

➤ 面 ：根据实体面调整 UCS。

➤ 3 点 ：通过在三维空间的任意位置指定 3 点来定义坐标系，其中第一点定义了坐标系原点，第二点定义了 X 轴正向，第三点定义了 Y 轴正向。

3. 使用对象捕捉、对象捕捉追踪等方法定位点

绘制三维图形时，依然可以使用对象捕捉、对象捕捉追踪等方法来定位点。例如，要在一个长方体的侧面中心画一个圆，可首先将对象捕捉设置为"中点"运行捕捉模式，然后执行画圆命令，分别捕捉长方体两条相邻边的中点并追踪，从而确定圆心，然后输入半径或利用极轴捕捉追踪方法来确定半径，从而完成圆的绘制，如图 8 – 1 – 8 所示。

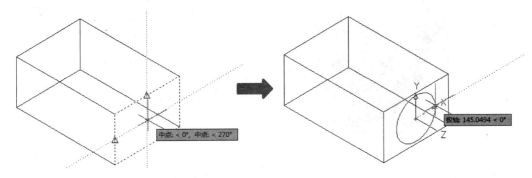

图 8 – 1 – 8 利用对象捕捉追踪方法来定位点

【提示】使用对象捕捉、对象捕捉追踪等方法画图时，通常要将该功能与动态 UCS 功能相结合，否则，将只能在当前坐标系的 *XY* 平面或与 *XY* 平面平行的平面上画图。如图 8 – 1 – 9 所示，本来希望在长方体的侧平面上画圆，但圆却被画在了 *XY* 平面的平行平面上。

图 8 – 1 – 9 关闭动态 UCS 时使用对象捕捉追踪方法绘制的圆

四、设置视觉样式

为了能够更好地观察三维图形，除了可以使用"ZOOM"或"PAN"命令来缩放和平移视图外，AutoCAD 还提供了多种视觉样式，如消隐、二维线框、三维线框、三维隐藏、真实和概念等。

1. 图形消隐

通过消隐图形，可将位于三维对象背后及内部看不见的部分遮挡起来，从而使用户可以更好地观察三维图形，如图 8-1-10 所示。要使用消隐样式，可以选择"视图"中的"消隐"菜单，或直接执行"HIDE"命令。

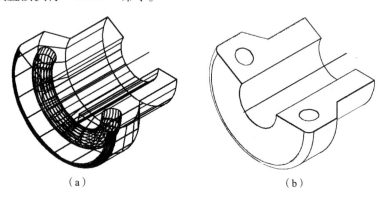

图 8-1-10　消隐三维图形

（a）消隐前；（b）消隐后

执行消隐操作之后，将无法在绘图窗口中缩放和平移视图，直到选择"视图"中的"重生成"菜单（或执行 REGEN 命令）重生成视图为止，

【提示】只有当视觉样式为"二维线框"时消隐才有效。

利用"DISPSILH"系统变量可以控制消隐图形时是否显示网格线。值为 0 时显示网格线，为 1 时不显示网格线。

利用"FACETRES"命令可以控制消隐图形时实体表面的网格密度，其值在 0.01~10 之间（默认为 0.5）。值越大，网格越密，曲面越平滑。

2. 设置视觉样式

视觉样式用来控制视口中边和着色的显示。要设置视觉样式，可选择"常用"选项卡"视图"面板"视觉样式"下拉列表中的相应选项，如图 8-1-11 所示。

➢ 二维线框：通过使用直线和曲线表示边界的方式显示对象，此时光栅、线型和线宽均可见。

➢ 概念：对多边形平面间的对象进行着色，并使对象的边缘平滑化。着色使用冷色和暖色之间的过渡，而不是从深色到浅色的过渡，效果缺乏真实感，但是可以更方便地查看模型的细节。

➢ 隐藏：使用线框表示法显示对象，而隐藏表示背面的线。

➢ 真实：使用平滑着色和材质显示对象。也是对多边形平面间的对象进行着色，并使对象的边缘平滑化，还可以将已定义的材质附着到图形对象中。

➢ 着色：使用平滑着色显示对象。

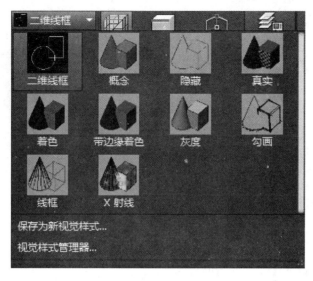

图 8 - 1 - 11　"视觉样式"下拉列表

➢ 带边缘着色：使用平滑着色和可见边显示对象。

➢ 灰度：使用平滑着色和单色灰度显示对象。

➢ 勾画：使用线延伸和抖动边修改器显示手绘效果的对象。

➢ 线框：通过使用直线和曲线表示边界的方式显示对象。

➢ X 射线：以局部透明度显示对象。

以下是几种不同视觉样式的效果图，如图 8 - 1 - 12 所示。

二维线框　　　　　　　隐藏　　　　　　　　概念　　　　　　　　真实

图 8 - 1 - 12　不同的视觉样式效果图

【提示】"概念"和"真实"视觉样式的颜色是由图形线框的颜色决定的，即是由该图形对象所在图层的颜色决定的，因此，用户可以通过改变图层颜色来改变模型对象的颜色。

五、动态观察三维视图

单击"视图"菜单的"动态观察"后的三角符号，从弹出的下拉列表中选择相应选项，如图 8 - 1 - 13 所示。可通过模拟相机（视点）移动，在三维空间动态观察对象。

图 8-1-13　动态观察选项

1. 动态观察（受约束的动态观察）

通过左右或上下拖动光标，可沿水平方向或垂直方向旋转视图。

2. 自由动态观察

显示了一个导航球，将光标移至导航球上下小圆中后拖动鼠标，可沿垂直方向旋转视图；将光标移至导航球左右小圆中后拖动鼠标，可沿水平方向旋转视图；将光标移至大圆内后拖动鼠标，可沿任意方向旋转视图；将光标移至大圆外后拖动鼠标，可绕视口中心旋转视图。

3. 连续动态观察

选择该项后，在绘图区单击并沿任意方向拖动鼠标，则释放鼠标后，系统开始动画演示。再次单击鼠标，可结束动画演示。

六、三维建模

1. 长方体

1）功能

创建底面与当前坐标系的 XY 平面平行的长方体。

2）执行命令的方法

◎ "建模"面板：单击 "长方体" 按钮 。

◎ 命令行：输入 "BOX"，按 Enter 键。

◎ 菜单栏：单击 "绘图" → "建模" → "长方体"。

3）操作步骤

输入命令后，命令行提示："指定第一个角点或 [中心（C）]："，指定长方体的第一个角点。

命令行提示："指定其他角点或［立方体(C)/长度(L)］:"，指定长方体的另一个角点。

命令行提示："指定高度或［两点(2P)］:"，指定长方体的高度。

长方体可以通过指定两个角点和高度绘制，也可以通过输入长、宽、高绘制，或者在当前平面指定长方体中间截面的中心点和一个角点及高度来绘制，如图8-1-14所示。

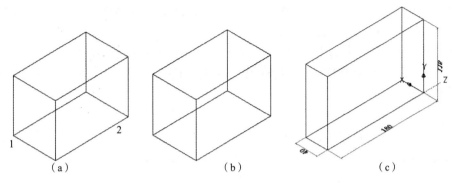

图8-1-14　绘制长方体

（a）指定对角点和高度；（b）指定截面中心点、角点、高度；（c）指定长、宽、高

2. 圆柱体

1）功能

以圆或椭圆作底面创建柱体，柱体底面位于坐标系的 XY 平面。

2）执行命令的方法

◎"建模"面板：单击"圆柱体"按钮。

◎命令行：输入"CYLINDER"，按 Enter 键。

◎菜单栏：单击"绘图"→"建模"→"圆柱体"。

3）操作步骤

输入命令后，命令行提示："指定底面的中心点或［三点(3P)/两点(2P)/切点、切点、半径(T)/椭圆(E)］:"，指定底面圆心。

命令行提示："指定底面半径或［直径(D)］<0.0000>:"，指定底面圆半径。

命令行提示："指定高度或［两点(2P)/轴端点(A)］<0.0000>:"，指定圆柱体高度。

完成圆柱体绘制。

此命令还可以绘制椭圆柱体，如图8-1-15所示。

3. 圆锥体

1）功能

可创建底面位于当前 UCS 坐标系 XY 平面的圆锥体或椭圆锥体。

2）执行命令的方法

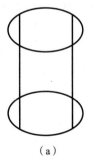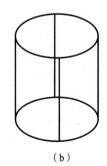

（a）　　　　　　　（b）

图8-1-15　绘制圆柱体和椭圆柱体

（a）圆柱体；（b）椭圆柱体

◎"建模"面板：单击"圆锥体"按钮。

◎命令行：输入"CONE"，按 Enter 键。

◎菜单栏：单击"绘图"→"建模"→"圆锥体"。

3）操作步骤

输入命令后，命令行提示："指定底面的中心点或［三点（3P）/两点（2P）/切点、切点、半径（T）/椭圆（E）］:"，指定底面中心点。

命令行提示："指定底面半径或［直径（D）］:"，指定底面圆半径。

命令行提示："指定高度或［两点（2P）/轴端点（A）/顶面半径（T）］＜100.0000＞:"，指定圆锥体高度。

完成圆锥体绘制。

此命令还可以绘制椭圆锥体。另外，通过指定顶面半径可以绘制圆台体和椭圆台体，如图 8 - 1 - 16 所示。

（a）　　　　　　　（b）　　　　　　　（c）　　　　　　　（d）

图 8 - 1 - 16　绘制圆锥体和圆台体

（a）圆锥体；（b）椭圆锥体；（c）圆台体；（d）椭圆台体

4. 球体

1）功能

用于根据球心、半径或直径创建球体。

2）执行命令的方法

◎"建模"面板：单击"球体"按钮。

◎命令行：输入"SPHERE"，按 Enter 键。

◎菜单栏：单击"绘图"→"建模"→"球体"。

3）操作步骤

输入命令后，命令行提示："指定中心点或［三点（3P）/两点（2P）/切点、切点、半径（T）］:"，指定球的中心。

命令行提示："指定半径或［直径（D）］＜0.0000＞:"，指定球的半径。

完成球体绘制，如图 8 - 1 - 17（a）所示。

5. 楔体

1）功能

可创建底面与当前坐标系的 XY 平面平行的楔形体。

2）执行命令的方法

◎"建模"面板：单击"楔体"按钮。

◎命令行：输入"WEDGE"，按 Enter 键。

◎菜单栏：单击"绘图"→"建模"→"楔体"。

3）操作步骤

输入命令后，命令行提示："指定第一个角点或［中心（C）］：＊指定楔体的第一个角点＊指定其他角点或［立方体（C）/长度（L）］："，指定楔体的其他角点。

命令行提示："指定高度或［两点（2P）］＜0.0000＞："，指定楔体的高度。

完成楔体绘制，如图 8-1-17（b）所示。

6. 圆环体

1）功能

创建圆环实体。圆环体与当前 UCS 坐标系的 *XY* 平面平行且被该平面平分。

2）执行命令的方法

◎"建模"面板：单击"圆环体"按钮。

◎命令行：输入"TORUS"，按 Enter 键。

◎菜单栏：单击"绘图"→"建模"→"圆环体"。

3）操作步骤

输入命令后，命令行提示："指定中心点或［三点（3P）/两点（2P）/切点、切点、半径（T）］："，指定圆环的中心。

命令行提示："指定半径或［直径（D）］＜0.0000＞："，指定外环的半径或直径。

命令行提示："指定圆管半径或［两点（2P）/直径（D）］："，指定圆管半径或直径。

完成圆环体绘制，如图 8-1-17（c）所示。

 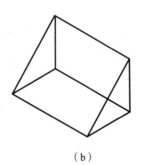 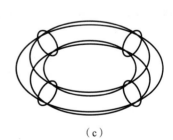

（a） （b） （c）

图 8-1-17　绘制球体、楔体、圆环体

7. 棱锥体

1）功能

创建三维实体棱锥体。默认情况下，使用基点的中心、边的中点和可确定高度的另一个点来定义棱锥体。

2）执行命令的方法

◎"建模"面板：单击"棱锥体"按钮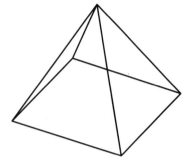。

◎命令行：输入"SPHERE"，按 Enter 键。

◎菜单栏：单击"绘图"→"建模"→"棱锥体"。

3）操作步骤

输入命令后，命令行提示："指定底面的中心点或［边
（E）侧面（S）］:"，指定棱锥体的底面中心。

命令行提示："指定底面半径或［内接（I）］< 310.
47777 >:"，指定棱锥体的底面半径。

命令行提示："指定高度或［两点（2P）轴端点（A）顶
面半径（T）］< 1887.5989 >:"，指定棱锥体的底面半径。

完成棱锥体绘制，如图 8 - 1 - 18 所示。

7. 多段体

图 8 - 1 - 18　绘制棱锥体

1）功能

用于创建多段体。

2）执行命令的方法

◎"建模"面板：单击"多段体"按钮。

◎命令行：输入"POLYSOLID"，按 Enter 键。

◎菜单栏：单击"绘图"→"建模"→"多段体"。

3）操作步骤

输入命令后，命令行提示："指定起点或［对象（O）/高度（H）/宽度（W）/对正（J）］
<对象 >:"，指定多段体的起点。

命令行提示："指定下一个点或［圆弧（A）/放弃（U）］:"，指定多段体的下一个点。

命令行提示："指定下一个点或［圆弧（A）/放弃（U）］:"，指定多段体的下一个点。

命令行提示："指定下一个点或［圆弧（A）/闭合（C）/放弃（U）］:"，按 Enter 键。

如果要形成封闭形，在最后一步，输入"C"，按 Enter 键，如图 8 - 1 - 19 所示

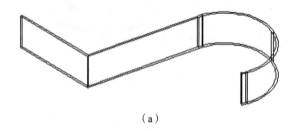

（a）

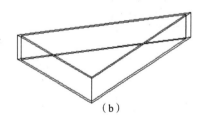

（b）

图 8 - 1 - 19　绘制多段体示例

（a）不闭合多段体；（b）闭合多段体

七、利用布尔运算创建复杂实体

1. 并集运算

使用"并集"（UNION）命令可以通过组合多个实体生成一个新实体。例如，要将图 8 -1 -20（a）所示的楔体和球体合并在一起，可在"常用"选项卡的"实体编辑"面板中单击"并集"按钮 ，或直接输入"UNION"并按 Enter 键，然后在绘图区选取楔体和球体，按 Enter 键确认，结果如图 8 -1 -20（b）所示。

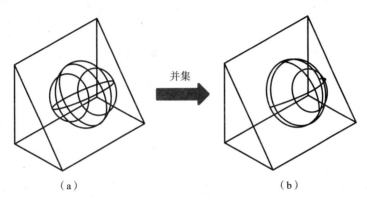

（a）　　　　　　　　　　　　　　（b）

图 8 -1 -20　并集运算效果

> 【提示】"UNION"命令主要用于将多个相交或相接触的对象组合在一起。当组合一些不相交的实体后，虽然模型外观变化不大，但实际上已将其合并为一个对象。另外，使用"并集"命令不仅可以进行实体模型间的合并，还可以在曲面与曲面之间进行合并，但不能进行实体与曲面之间的合并。

2. 差集运算

使用"差集"（SUBTRACT）命令，可以从一个或多个实体中减去一个或多个实体，从而生成一个新的实体。要对实体进行求差运算，可以在"常用"选项卡的"实体编辑"面板中单击"差集"按钮 ，或直接输入"SUBTRACT"命令。

在进行差集运算时，对象的选取是有顺序的，例如，要从图 8 -1 -21（a）所示的楔体中减去球体，那么在执行了差集命令后，应先选取楔体，按 Enter 键后再选取球体，结果如图 8 -1 -21 所示，否则，将只保留圆柱体以上的球体部分。

> 【提示】如果进行差集运算的两个实体对象不相交，那么在进行差集运算时，AutoCAD 将自动删除被减去的实体对象。
> 当实体和曲面相交时，要进行差集运算，只能先选择曲面，然后再选择实体，否则将无法进行运算。

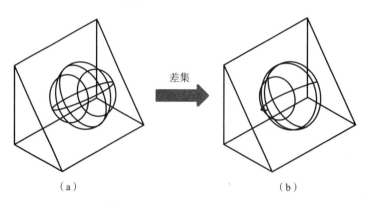

（a）　　　　　　　　　　　　　　（b）

图 8 – 1 – 21　差集运算效果

3. 交集运算

使用"交集"（INTERSECT）命令可以创建一个实体，该实体是两个或多个实体的公共部分。要进行交集运算，可以在"常用"选项卡的"实体编辑"面板中单击"交集"按钮，或直接输入"INTERSECT"命令。

例如，要对图 8 – 1 – 22（a）所示的两个实体进行交集运算，可在执行"交集"命令后，在绘图区分别选取楔体和球体，按 Enter 键结束选取，结果如图 8 – 1 – 22（b）所示。

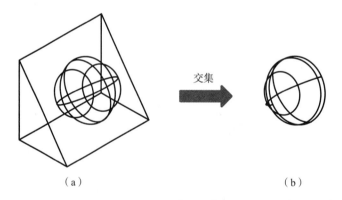

（a）　　　　　　　　　　　　　　（b）

图 8 – 1 – 22　交集运算效果

【提示】在进行交集运算时，如果所选的实体对象不相交，那么进行交集运算后，所选的实体对象将被全部删除。

当实体和曲面相交时，其交集运算结果为曲面（即曲面与实体的相交部分）；当曲面与曲面相交时，其交集运算结果仅为一条曲线。

任务实施

1. 设置绘图环境

将工作空间切换至"三维建模"空间，并将视图切换为西南等轴测图。

2. 绘制长方体

在"常用"选项卡"建模"面板中的基本实体下拉列表中选择"长方体"选项，命令行提示："指定第一个角点或［中心（C）］:"，输入坐标（0，0，0）。

命令行提示："指定其他角点或［立方体（C）/长度（L）］:"，输入"L"。

命令行提示："指定长度:"，输入"40"。

命令行提示："指定宽度:"，输入"30"。

命令行提示："指定高度或［两点（2p）］:"，输入"10"。

完成长方体绘制，如图8-1-23（a）所示。

打开状态栏的"极轴追踪""对象捕捉""对象捕捉追踪"和"动态UCS"。

在"常用"选项卡"绘图"面板中选择"直线"选项，绘制长方体上表面长度方向的中线1和宽度方向的中线2，如图8-1-23（b）所示。

在"常用"选项卡"修改"面板中选择"偏移"选项，将长度方向的中线1分别左、右偏移10 mm，宽度中线2前、后偏移9 mm，得到的交点3、4、5、6即为四个孔的中心，如图8-1-23（c）所示。

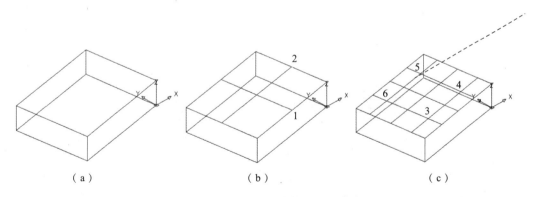

（a） （b） （c）

图8-1-23 创建长方体、添加辅助线

3. 绘制圆柱体

在"常用"选项卡"建模"面板中的基本实体下拉列表中选择"圆柱体"选项，命令行提示："指定底面的中心点或［三点（3P）/两点（2P）/切点、切点、半径（T）/椭圆（E）］:"，指定3点为中心点。

命令行提示："指定底面半径或［直径（D）］<0.0000>:"，输入"4 mm"。

命令行提示："指定高度或［两点（2P）/轴端点（A）］<0.0000>:"，输入"-10 mm"。

完成一个圆柱体的绘制。

在"常用"选项卡"修改"面板中选择"复制"选项 ，将圆柱体复制到中心点4，5，6的位置，如图8－1－24（a）所示。

4. 绘制四个孔

在"常用"选项卡的"实体编辑"面板中单击"差集"按钮 ，命令行提示："选择对象:"，选择长方体，按 Enter 键确认。命令行提示："选择要减去的实体、曲面和面域…选择对象:"，再选择四个圆柱体，按 Enter 键确认。

在"常用"选项卡的"视图"面板中选择"真实"选项，完成窥油孔盖的绘制，如图8－1－24（b）所示。

在"视图"选项卡的"导航"面板中选择"自由动态观察"选项，查看窥油孔盖，如图8－1－24（c）所示。

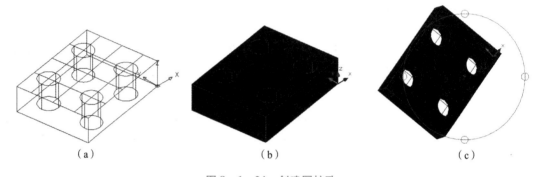

（a）　　　　　　　　　　（b）　　　　　　　　　　（c）

图8－1－24　创建圆柱孔

任务二　绘制组合实体模型

 知识目标

掌握由二维平面图形创建三维实体的方法。

掌握三维实体的操作方法。

掌握三维实体的基本编辑方法。

 能力目标

能够利用三维命令创建组合实体模型。

任务描述

运用三维实体的建模和编辑命令绘制如图 8 – 2 – 1 所示的轴承架。

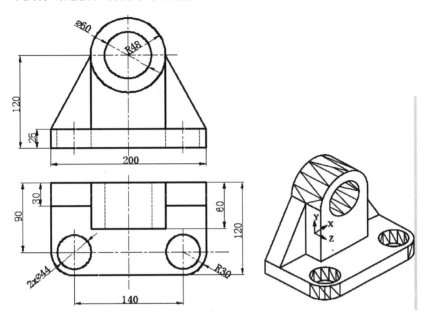

图 8 – 2 – 1 轴承架三维实体图样

相关知识

一、利用二维图形创建实体

使用基本实体建模命令只能创建一些简单的实体模型，要创建一些截面比较复杂的模型，单纯地使用基本实体建模命令是远远不够的。为此，AutoCAD 提供了一些可以将二维图形按照各种要求转换为实体或曲面的命令，如拉伸、放样、旋转和扫掠等，如图 8 – 2 – 2 所示。

1. 拉伸

1）功能

使用"拉伸"命令，可以将二维对象沿 Z 轴或某个路径拉伸成实体或曲面。拉伸对象称为截面，它可以是直线、圆弧、圆、椭圆、多段线（不能自相交）等。如果截面对象是开放的，则拉伸结果为曲面；如果截面对象是封闭的单个对象或面域，则拉伸结果为实体。

此外，还可以一次拉伸多个对象，此时将基于这些对象生成多个实体或曲面（取决于

图 8 – 2 – 2 将二维图形转换为
三维图形的命令按钮

各对象的性质）。例如，如果同时拉伸一条曲线和一个圆，则将生成一个平面曲面和一个圆柱，如图 8 - 2 - 3 所示。

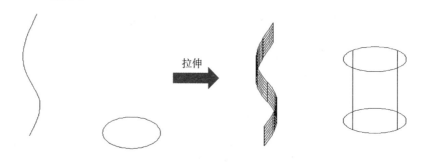

拉伸

图 8 - 2 - 3　拉伸效果样例

2）执行命令的方法

◎"建模"面板：单击"拉伸"按钮  。

◎命令行：输入"EXTRUDE"或"EXT"，按 Enter 键。

3）操作步骤

输入命令，命令行提示："选择要拉伸的对象："，选择要拉伸的对象，按 Enter 键或右击，结束对象的选择。

命令行提示："指定拉伸的高度或 ［方向(D)/路径(P)/倾斜角(T)］："，指定拉伸的高度、方向、路径或倾斜角。

➤ 高度：如果输入正值，则使所选图形对象沿 Z 轴正方向拉伸；如果输入负值，则沿 Z 轴负方向拉伸。如果要拉伸的图形对象不在当前 XY 坐标平面上，则沿该图形对象所在平面的法线方向拉伸对象。

➤ 方向：通过拾取两点指定拉伸方向和距离。

➤ 路径：沿指定路径拉伸所选对象，使其生成实体或曲面，拉伸时，路径与拉伸对象不能在同一平面内，并且拉伸路径不能具有较大曲率，否则，可能因拉伸过程中产生自交而导致无法拉伸。

➤ 倾斜角：倾斜角度可以为正或为负，其绝对值不得大于 90°。默认值为 0°，表示生成的实体的侧面垂直于 XY 平面，没有锥度。如果角度值为正，将产生内锥度；如果为负，将产生外锥度。

【提示】对于由多个图形对象组成的封闭区域，在拉伸前，如果将它们转化为面域再进行拉伸，将生成实体模型，否则将生成多个曲面，如图 8 - 2 - 4 所示。

2. 放样

1）功能

就是通过对包含两条或两条以上横截面曲线的一组曲线创建三维实体或曲面。横截面定义了结果实体或曲面的轮廓（形状）。必须至少指定两个横截面，如图 8 - 2 - 5 所示。

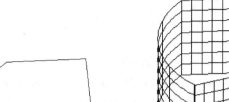

（a）　　　　　　　　　（b）　　　　　　　　　（c）

图8－2－4　拉伸多个对象组成的封闭区域和面域样例

（a）多个对象组成的封闭区域；（b）直接拉伸封闭区域生成曲面；（c）转化为面域后拉伸生成实体

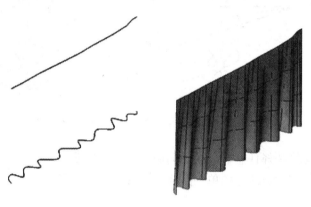

图8－2－5　放样效果样例

　　放样横截面可以是开放或闭合的平面或非平面，也可以是边子对象。开放的横截面创建曲面，闭合的横截面创建实体或曲面（具体取决于指定的模式），如图8－2－6所示。

　　2）执行命令的方法

　　◎"建模"面板：单击"放样"按钮 。

　　◎命令行：输入"EXTRUDE"或"EXT"，按 Enter 键。

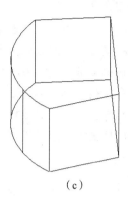

图8－2－6　放样效果样例

　　3）操作步骤

　　输入命令，命令行提示："选按放样次序选择横截面或［点（PO）合并多条边（J）模式（MO）]:"。

　　➤ 按放样次序选择横截面：按曲面或实体将通过曲线的次序指定开放或闭合曲线。

　　➤ 点：指定放样操作的第一个点或最后一个点。如果以"点"选项开始，接下来必须选择闭合曲线。

➤ 合并多条边：将多个端点相交的边处理为一个横截面。

➤ 模式：控制放样对象是实体还是曲面。

选择要放样的对象，按 Enter 键或右击，结束对象的选择。

命令行提示："输入选项或［导向(G)路径(P)仅横截面(C)设置(S)］<仅横截面 >："。

导向：指定控制放样实体或曲面形状的导向曲线。可以使用导向曲线来控制点如何匹配相应的横截面，以防出现不希望看到的结果（例如结果实体或曲面中的皱褶），如图 8 – 2 – 7 所示。

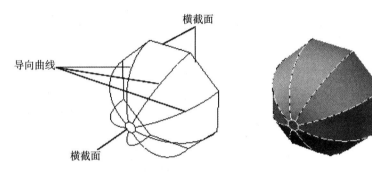

图 8 – 2 – 7　带有导向曲线的横截面放样实体

为放样曲面或实体选择任意数目的导向曲线，然后按 Enter 键。

路径：指定放样实体或曲面的单一路径，如图 8 – 2 – 8 所示。

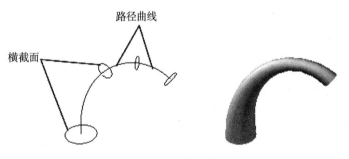

图 8 – 2 – 8　带有路径曲线的横截面放样实体

路径曲线必须与横截面的所有平面相交。

➤ 仅横截面：在不使用导向或路径的情况下，创建放样对象。

➤ 设置：显示"放样设置"对话框。

3. 旋转

1）功能

使用"旋转"命令，可以将二维图形绕某一轴旋转生成实体或曲面，如图 8 – 2 – 9 所示。

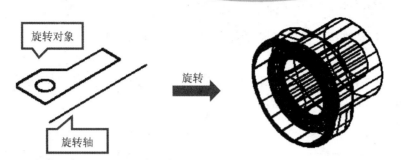

图 8 - 2 - 9　旋转命令样例

2）执行命令的方法

◎"建模"面板：单击"旋转"按钮 。

◎命令行：输入"REVOLVE"，按 Enter 键。

3）操作步骤

输入命令，命令行提示："选择要旋转的对象："，按 Enter 键或右击。

命令行提示："指定轴起点或根据以下选项之一定义轴［对象(O)/X/Y/Z］<对象>："，指定旋转轴起点。

命令行提示："指定轴端点："，指定旋转轴端点。

命令行提示："指定旋转角度或［起点角度(ST)］<360>："，指定旋转角度或按 Enter 键选择默认角度360°

【提示】①如果被旋转的对象中含有块或自相交，则旋转无法进行。

②与通过拉伸创建实体或曲面类似。如果旋转对象是封闭的，则生成实体；如果旋转对象是开放的，则生成曲面。

③若通过拾取两点指定旋转轴，则旋转轴的正向是从拾取的第一点指向第二点，且旋转角的方向遵循右手螺旋法则。

4. 扫掠

1）功能

利用"扫掠"命令，可以使开放或闭合的图形对象沿指定的路径扫掠来创建实体（扫掠封闭对象）或曲面（扫掠开放对象）。其中，用于扫掠的对象可以是直线、圆、圆弧、多段线、面域等非块类图形，也可以是位于同一平面中的多个对象；用于扫掠的路径可以是开放或闭合的二维或三维图形，如单独的直线、圆、圆弧、多段线、螺旋线等。

2）执行命令的方法

◎"建模"面板：单击"扫掠"按钮 。

◎命令行：输入"SWEEP"，按 Enter 键。

3）操作步骤

输入命令，命令行提示："选择要扫掠的对象："，选择要扫掠的对象，按 Enter 键或右击。

命令行提示："选择扫掠路径或［对齐(A)/基点(B)/比例(S)/扭曲(T)］：",选择扫掠路径。

对齐：指定实体轮廓是否沿扫掠路径对齐，即是否让扫掠对象始终垂直于扫掠路径（默认为对齐），如图 8 - 2 - 10 所示。

扫掠前   对齐路径   不对齐路径

图 8 - 2 - 10　对齐与不对齐路径扫掠效果

基点：指定要扫掠对象的基点，即穿过扫掠路径的点。如果指定的点不在选定对象所在的平面上，则该点将被投影到该平面上。

比例：指定从扫掠路径的开始到结束，扫掠对象的比例变化。

扭曲：设置沿扫掠路径扫掠时扫掠对象的扭曲角度。

二、三维编辑

1. 三维阵列

三维阵列命令用于在三维空间中将实体进行矩形阵列或环形阵列，可以将创建好的实体按一定的顺序在三维空间中排列。三维矩形阵列除了指定列数（X 方向）和行数（Y 方向）以外，还要指定层数（Z 方向）。

1）三维环形阵列操作

以对棱锥体进行环形阵列为例。

选择"修改"面板中的"环形阵列"按钮 ，或者输入命令"ARRAYPOLAR"。

命令行提示："选择对象：",选择棱锥体，按 Enter 键或右击。

命令行提示："指定阵列的中心点或［基点(B) 旋转轴(A)］：",单击指定阵列的中心点，如图 8 - 2 - 11 所示。

命令行提示："选择夹点以编辑阵列或［关联(AS) 基点(B) 项目(I) 项目间角度(A) 填充角度(F) 行(ROW) 层(L) 旋转项目(ROT) 退出(X)］＜退出＞："。

同时激活"阵列创建"面板，如图 8 - 2 - 12 所示。

通过调节夹点或"阵列创建"面板中的参数，来调节阵列的数目、角度、行数等。

2）三维矩形阵列操作

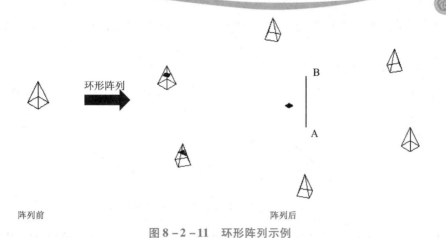

图 8 - 2 - 11　环形阵列示例

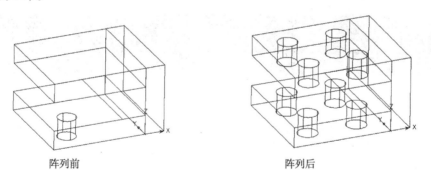

图 8 - 2 - 12　环形"阵列创建"面板

对图 8 - 2 - 13 所示的圆柱进行矩形阵列（阵列行数为 2，列数为 2，层数为 2，行间距和列间距为 50）。

图 8 - 2 - 13　矩形阵列示例

选择"修改"面板中的"矩形阵列"按钮，或者输入命令"ARRAYRECT"。

命令行提示："选择对象:"，选择圆柱体，按 Enter 键或右击。

命令行提示："选择夹点以编辑阵列或［关联(AS)基点(B)计数(COU)间距(S)列数(COL)行数(R)层(L)退出(X)］＜退出＞:"。

同时激活"阵列创建"面板，如图 8 - 2 - 14 所示。

图 8 - 2 - 14　矩形"阵列创建"面板

在面板中输入参数，行数为 2，列数为 2，级别为 2，行的介于值为 50，列的介于值为 50。

3）三维路径阵列操作

以对圆锥体进行路径阵列为例。绘制圆锥体和曲线路径，如图 8 – 2 – 15 所示。

图 8 – 2 – 15　绘制圆锥体和曲线路径

选择"修改"面板中的"路径阵列"按钮，或者输入命令"ARRAYPATH"。

命令行提示："选择对象:"，选择圆锥体，按 Enter 键或右击。

命令行提示："选择路径曲线:"，选择路径，按 Enter 键或右击。

命令行提示："指定阵列的中心点或［基点(B)旋转轴(A)］:"，单击指定阵列的中心点。

命令行提示："选择夹点以编辑阵列或［关联(AS)方法(M)基点(B)切向(T)项目行(R)层(L)对齐项目(A)方向(Z)退出(X)］<退出 >:"。

同时激活"阵列创建"面板，如图 8 – 2 – 16 所示。

图 8 – 2 – 16　路径"阵列创建"面板

通过调节夹点或"阵列创建"面板中的参数，来调节阵列的行数、间距和级别等，如图 8 – 2 – 17 所示。

图 8 – 2 – 17　路径阵列效果

2. 三维镜像

1）功能

利用三维镜像，可以在三维空间中以指定平面为镜像平面对实体进行镜像。

2）执行命令的方法

◎"修改"面板：单击"三维镜像"按钮。

◎命令行：输入"MIRROR3D"，按 Enter 键。

3）操作步骤

选择"修改"面板中的"三维镜像"按钮，命令行提示："选择对象:"，选择图 8 - 2 - 18（a）中的对象，按 Enter 键或右击。

命令行提示："指定镜像平面（三点）的第一个点或［对象（O）/最近的(L)/Z 轴(Z)/视图(V)/XY 平面(XY)/YZ 平面(YZ)/ZX 平面(ZX)/三点(3)］<三点 >:"，单击 A 点。

命令行提示："在镜像平面上指定第二点:"，单击 B 点。

命令行提示："在镜像平面上指定第三点:"，单击 C 点。

命令行提示："是否删除源对象?［是(Y)/否(N)］<否 >:"，输入 N，按 Enter 键，如图 8 - 2 - 18（b）所示。

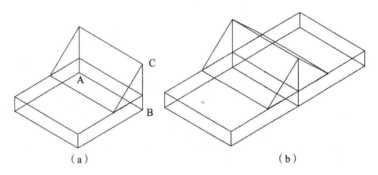

图 8 - 2 - 18　三维镜像效果示例

（a）　；（b）镜像效果

3. 三维旋转

1）功能

利用三维旋转命令使选定对象在三维空间中绕轴旋转，如图 8 - 2 - 19 所示。

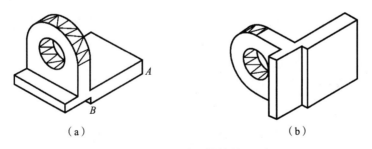

图 8 - 2 - 19　三维旋转的效果示例

（a）旋转之前；（b）选 AB 作为旋转轴旋转之后的效果图

2）执行命令的方法

◎"修改"面板：单击"三维旋转"按钮。

◎命令行：输入"3DROTATE"或"3R"，按 Enter 键。

3）操作步骤

选择"修改"面板中的"三维旋转"按钮，命令行提示："选择对象:"，按 Enter 键或右击结束对象的选择。

命令行提示："指定基点:"，指定旋转所围绕的基点。

命令行提示："拾取旋转轴:"，选择旋转轴。

命令行提示："指定角的起点或键入角度:"，指定旋转的起点或旋转角度。

命令行提示："指定角的端点:"，正在重生成模型。

4. 剖切

1）功能

"剖切"命令可以切开现有实体并删除指定部分，从而创建新的实体，如图 8 – 2 – 20 所示。

（a）　　　　　　　　　　　　　　（b）

图 8 – 2 – 20　剖切的效果示例

（a）剖切之前；（b）剖切之后

2）执行命令的方法

◎"实体编辑"选项卡：单击"剖切"按钮。

◎命令行：输入"SLICE"或"SL"，按 Enter 键。

3）操作步骤

选择"实体编辑"面板中的"剖切"按钮，命令行提示："选择对象:"，按 Enter 键或右击结束对象的选择。

命令行提示："指定切面的起点或［平面对象(O)/曲面(S)/Z 轴(Z)/视图(V)/XY(XY)/YZ(YZ)/ZX(ZX)/三点(3)]＜三点＞:"，选择方法确定剖切面。

命令行提示："指定平面上的第二个点:"，指定平面上的第二个点。

命令行提示："在所需的侧面上指定点或［保留两个侧面(B)]＜保留两个侧面＞:"，指定要保留的一侧。

5. 编辑实体

1）功能

"编辑实体"命令可以对三维实体的边、面和体分别进行编辑和修改。

2）执行命令的方法

◎命令行：输入"SOLIDEDIT"，按 Enter 键。

3）操作步骤

在命令行中输入"SOLIDEDIT"，按 Enter 键，命令行提示："输入实体编辑选项［面（F）/边（E）/体（B）/放弃（U）/退出（X）］＜退出＞:"。

执行"SOLIDEDIT"命令，可以对实体面进行拉伸、移动、偏移、删除、旋转、倾斜、着色和复制等操作，也可以对三维实体的边进行复制和着色，还可以对实体进行压印、清除、分割、抽壳与检查等操作。

任务实施

1. 设置绘图环境

（1）设置绘图界限。根据图形尺寸设置图形界限为 297 × 210。

（2）设置图层。根据绘图需要，创建"细点画线"图层、"截面"图层和"粗实线"图层等。

（3）单击"视图"工具栏中的"俯视"按钮，切换到二维模式绘图。

2. 绘制底板

（1）绘制底板俯视图。设置"实体"图层为当前图层，绘制长为 200 mm、宽为 120 mm 的长方形，并将其倒两个半径为 30 mm 的圆角。然后定位，绘制两个 44 mm 的圆，如图 8 - 2 - 21 所示。

（2）将长方形转化成面域。执行"region"面域命令，将长方形转化为面域。

（3）将长方形和两个圆分别拉伸 25 mm，形成一个带圆角的长方体底板和两个圆柱。单击"视图"工具栏中的"西南等轴测"按钮，转换为三维视图模式，如图 8 - 2 - 22 所示。

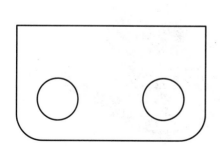

图 8 - 2 - 21 绘制底板俯视图

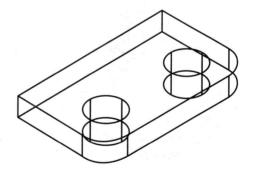

图 8 - 2 - 22 将底板俯视图转化为三维模型

（4）利用"差集"命令从底板中减去内圆柱。

单击"实体编辑"面板中的"差集"按钮，命令行提示："选择对象:"，单击长方体。

227

命令行提示："选择对象："，单击要减去的两个圆柱体，按 Enter 键或右击。

4. 绘制立板

（1）新建 UCS 坐标系。指定长方体的左上角点为原点，左下角点为 X 轴正向，右上角点为 Y 轴正向，新建 UCS 坐标系。

（2）绘制立板截面图，并拉伸截面为实体。设置"截面"为当前图层，利用"多段线"命令绘制立板的后表面。设置"实体"为当前图层，利用"拉伸"命令拉伸截面为厚 60 mm 的实体。单击"实体编辑"面板中的"差集"，执行"subtract"命令，从立板中减去内圆柱。

（3）利用"差集"命令从立板中减去内圆柱。

5. 绘制肋板

（1）设置"截面"图层为当前图层，利用"PLINE"命令绘制两个肋板的后截面。

（2）设置"实体"图层为当前图层，利用"EXTRUDE"命令拉伸肋板截面为厚度 30 mm 的实体。

6. 并运算

选择底板、立板、两个肋板，将其并在一起，如图 8 - 2 - 23 所示。

7. 后续操作

（1）关闭 UCS 坐标系。

（2）消隐。单击"视图"菜单的"消隐"命令。

（3）展示效果。单击"视图"面板的"视觉样式"中的"真实"，效果如图 8 - 2 - 24 所示。

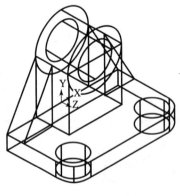

图 8 - 2 - 23　合并后的轴承架

图 8 - 2 - 24　真实效果